愛經典

閱讀經典，成為更好的自己。

把信送給加西亞

阿爾伯特・哈伯德 Elbert Hubbard—著

作家榜—編　木云—譯

緣起

愛經典

卡爾維諾說：「『經典』即是具影響力的作品，在我們的想像中留下痕跡，並藏在潛意識中。正因『經典』有這種影響力，我們更要撥時間閱讀，接受『經典』為我們帶來的改變。」因為經典作品具有這樣無窮的魅力，時報出版公司特別引進大星文化公司的「作家榜經典文庫」，期能為臺灣的經典閱讀提供另一選擇。

作家榜經典文庫從二〇一七年起至今，已出版超過六十本，迅速累積良好口碑，不斷榮登豆瓣讀書暢銷榜。本書系的作者都經過時代淬鍊，其作品雋永，意義深遠；所選擇的譯者，多為優秀的詩人、作家，因此譯文流暢，讀來如同原創作品般通順，沒有隔閡；而且時報在臺推出時，每部作品皆以精裝裝幀，質感更佳，是讀者想要閱讀與收藏經典時的首選。

現在開始讀經典，成為更好的自己。

作者簡介

阿爾伯特・哈伯德
Elbert Hubbard, 1856-1915

出生於美國布魯明頓，雙子座。

他年輕時喜歡追求新鮮事物，首次商業冒險是賣肥皂，此後他還做過教師、出版人、編輯和演說家等。

三十九歲時，他與妻子創辦了羅伊科諾福特公司，製造、銷售手工藝品，又開了印刷廠，以印刷優質出版物聞名。他還出版了兩種雜誌：《菲利士人》和《兄弟》，並經常在雜誌上發表文章。

四十三歲時，為填補一期雜誌的空白，他根據美西戰爭羅文中尉的真實事蹟，創作了有助世人提升執行力、強化責任感的勵志經典〈把信送給加西亞〉，成書後橫掃全球，百年來暢銷不衰，迄今累計總銷量超過八億冊。

五十九歲時，他與妻子乘坐路西塔尼亞號客輪，客輪行至愛爾蘭海時被一艘德國潛水艇發射的魚雷擊中，船上大約一千兩百人，全部隨船沉入海底。

本書作者阿爾伯特·哈伯德創辦的羅伊科諾福特公司，一九一八年為美國海陸軍專門出版的海報，海報內容即是《把信送給加西亞》原文。

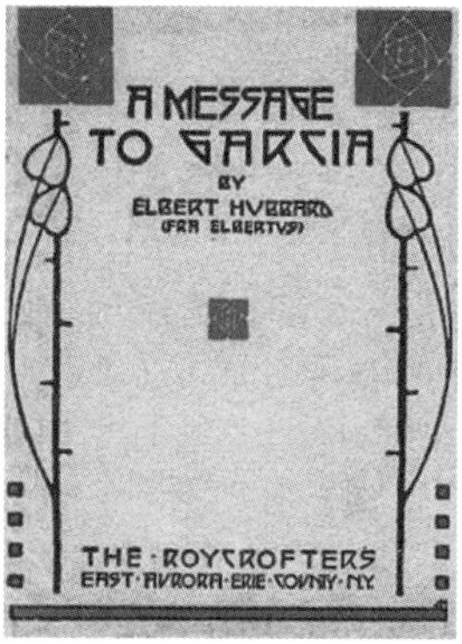

一八九九年版 *A Message to Garcia* 英文原版封面[1]

1 本書主文《把信送給加西亞》，根據原作者創辦的羅伊科諾福特（Roycrofters）公司，一八九九年版本 *A Message to Garcia* 譯出。本書主人公安德魯・薩默斯・羅文（Andrew Summers Rowan）《我是怎樣把信送給加西亞的》，根據 Walter D. Harney 出版社一九二二年版本譯出。本書第四部分內容為作家榜獨家編譯，具有最貼近當今現實社會的指導意義。

獻詞

一百多年來，這本書，以不同的方式在全世界廣泛流傳。
本書所推崇的敬業、忠誠、勤勉，影響了一代又一代人。

謹以此書獻給所有能把信送給加西亞的人

哈伯德商業信條

我相信我自己。

我相信自己銷售的產品。

我相信自己所在的公司。

我相信我的同事和夥伴。

我相信美國的商業模式。

我相信產品的生產者、設計者、製造者、銷售者，以及世界上所有擁有一份工作並為之努力的人。

我相信真理的價值。

我相信愉快的心情和健康的身體，而且我相信，成功的必要條件並不是賺錢，而是創造價值，創造了價值，成功就自然而來，只是時間問題。

我相信陽光、新鮮空氣、蔬菜、蘋果醬、笑聲、嬰兒、絲綢和雪紡綢，以及世界上一切美好的東西，我始終記得英語中最偉大的詞就是「滿足」。

我相信我每做一筆生意就多了一個朋友。

我相信，當我和一個人分別後，我一定能做到：當他再次見到我時會很高興，而我看到他也會感到高興。

我相信工作的雙手、思考的大腦和充滿愛的心靈。

阿門，阿門！

哈伯德人生信條

我相信是上帝創造了人類。

我相信上帝保佑著父親、母親和子女組成的幸福家庭。

我相信上帝就在我們的身邊，跟我們呼吸相通。

我相信上帝創造這個世界後，不會置之不理，任其運轉。

我相信身體是神聖的，它是靈魂的暫居之所，因此我認為透過正確的思考和生活，以保持形體的美感是每一個男人和女人的義務。

我相信男女之間的愛是神聖的，這種愛跟人類對上帝的最深沉的愛一樣神聖崇高，它們共同推動世界。

我相信經濟、社會和精神上的自由可使人類獲得救贖。

我相信約翰·拉斯金、威廉·莫里斯、亨利·梭羅、華特·惠特曼和列夫·托爾斯泰都是上帝派來的先知，他們的思想造詣和靈魂境界與伊利亞、何西阿、以西結和以賽亞等先知齊名。

我相信人類像以前一樣，並將永遠被激勵著、被鼓舞著。

我相信人類跟我們希望的那樣，生活在永恆之中。

我相信心存良善，過好分分秒秒，全力以赴做好工作使其盡善盡美，是為未來做準備的最佳方法。

我相信我們應當記得每一個做禮拜的日子，因為它是神聖的。

我相信魔鬼並不存在，存在的是人的恐懼和懦弱。

我相信除了你自己，沒有人可以打敗你。

我相信我們都是上帝的子民，除此之外，我們什麼都不是。

我相信到達天堂的唯一途徑，是心存天堂。

目次

第三部分　我是怎樣把信送給加西亞的

安德魯·羅文

第四部分　把信送給加西亞的十個法則

中文版序

你就是那個「把信送給加西亞」的人

很久很久以前，寓言故事裡的兩個好朋友，受國王重託，一起去遠方尋找傳說中的財富與幸福。

他們翻過九十九座山、蹚過九十九條河，歷盡千辛萬苦，終於看見了閃光的金子，看見了流淌著奶與蜜的樂園……但是，一條湍急的大江擋住了去路。怎麼辦？一個自歎命苦，搖搖頭，往回走；一個當即行動，騎上一根木頭，過了江。結果可想而知，前者因退縮被斬首，後者因冒險前行滿載而歸。

如果國王選擇誰把信送給加西亞？當然是後者。

親愛的讀者，擺在你面前的《把信送給加西亞》不是寓言故事，是美國歷史上每個字都發著光的真實事件，冊頁間隱藏著一切問題的答案。所以，如果國王或總統選擇你送信給加西亞，你只需立刻、馬上出發，去送信！

現在，你需要讀眼下這本書。我們堅信，即使身處手機移動端快速閱讀時代，書中一篇翻譯成中文僅兩千多字的作者評論、一篇不超過一萬五千字的主角自述，你很快就能讀完。

美國管理專家威廉．亞德利（William Yardley）說：「長期以來，美國西點軍校和海軍學院的學生都要上一門關於自立和主動性的課。教材就是這本題名為《把信送給加西亞》的小冊子，其精神影響了一代又一代的學員。」

美國演說家馬克．戈爾曼（Mark Gorman）讀後，寫下這段意味深長的話——

上天不希望我們僅僅做那些自然而然就能做到的事情，祂希望我們超越舒適的現狀，不怠惰於安逸。對於我們來說，在現狀中隨波逐流就是自甘平庸，而上天是最不願意我們做平庸的人。耶穌以無花果樹作爲例子來告訴我們祂對我們的期望。祂希望那棵樹能多產，要一年四季都碩果累累。當你可以選擇比大多數人都優秀的時候，爲什麼要甘於平庸呢？假如你能在一年中的一天有所作爲，爲什麼不肯在三六五天都有所作爲呢？爲什麼我們只做那些人人都在做的事情呢？爲什麼我們不能成爲傑出的人呢？

律師賴特是《把信送給加西亞》的忠實讀者，關於這本書，他讀後深有感觸：「你得到一個工作，就應該全力以赴地去做。當我向布希推薦這本書時，布希說：『我不會對這些東西感興趣』。我說：『請讀一讀，只需要一杯咖啡的時間，這不是新時代的東西，它永遠不過時。』當我再一次碰到他時，他已經讀過了這本書。他的反應正如我所預料的那樣：『這本書太可怕了，它把一切都說了。』」

「你是一個送信的人！」此後，布希總是這麼誇獎令他滿意的屬下，也總是將這本書送給他們，「我把它獻給所有那些在政府建立之初，與我們同行的人……我尋找那些能把信帶給加西亞的人，讓他們成為我們的一員。那些不需要人監督而且具有堅毅和正直品格的人，正是能改變世界的人！」

《把信送給加西亞》強大的暢銷數據不斷證明，除了一百多年來的全球政治領袖，還有那些你從新聞上所熟悉的商業英雄，甚至你喜歡的娛樂明星，幾乎都讀過這本書。他們無一例外地熱愛工作，且行動迅速、敏捷；他們十分明白自己的使命：人生在世，總要做事，總要把事情做成、做好。作為積極進取的行動者和任務目標的象徵，羅文中尉和加西亞將軍早已不在人世，卻有億萬羅文，正在穿越密林，向著加西亞靠近……

在「大眾創業、萬眾創新」的今天，行動力超強的中國「羅文」們的時代已經到來。當你心有所動，是否即刻行動？

時不我待，羅文快跑！在時代的巨流中，你正騎著一根木頭，飛速靠近傳說中的財富與幸福。

即刻行動，你就是羅文，就是那個把信送給加西亞的人！

作家榜編委會委員

《美國文化簡史》作者

二〇一六年六月十八日

羅文送信路線示意圖
紐約
New York
華盛頓
Washington
美
國
坦帕
Tampa
新普羅維登斯島
New Providence Island
基韋斯特
Key West
科利群島
Curly Keys
馬納蒂海港
Manati
古
巴
巴亞莫
Bayamo
聖安海灣
St.Ann Bay
聖地亞哥
Santiago
金斯頓
Kingston
牙
買
加
去程
返程

第 一 部 分

五分鐘讀懂《把信送給加西亞》的來龍去脈

原出版者手記：全世界最偉大的送信者[1]

阿爾伯特．哈伯德，紐約東奧羅拉的羅伊科諾福特公司創辦人，是一位堅定的個人主義者[2]，終生都在堅持不懈努力工作。一九一五年，他與被德國一枚魚雷擊沉的路西塔尼亞號輪船一同沉入海底，過早地結束了這一生。

他一八五六年出生於伊利諾斯州的布魯明頓，因羅伊科諾福特公司印刷的優質出版物而聞名。在羅伊科諾福特公司工作之際，他出版了兩種雜誌：《菲利士人》和《兄弟》，事實上，其中有很多文章都是出自他之手。他還致力於公共演講，並在演講方面取得了能與寫作和出版事業相媲美的成就。

〈把信送給加西亞〉，本文一經問世，便大獲好評，而作者本人對此始料未及。他在後面的〈作者序言〉中闡述了它成功的緣由。

故事的主角，這個送信的人就是安德魯．薩默斯．羅文[3]上校，美西戰爭[4]爆發時，他是美國軍隊的一名年輕陸軍中尉。當總統麥金利[5]要求一個合適的信使人選時，他被軍事情報局的局長推薦去執行這項艱難的任務。

在孤身一人沒有護衛的情形下，羅文即刻出發。當他祕密登陸古巴島時，古巴愛國人士給他安排了當地嚮導。他的冒險經歷，按照他自己謙虛的說法，只是被障礙物圍困，而他成功地從障礙內部穿越，並把信送給了革命軍隊的領袖加西亞[6]將軍。

肯定需要很多努力才能應對突發狀況，但這位年輕中尉絕對的勇氣和不屈不撓的精神，才是他完成任務的關鍵。美國軍隊的司令官表彰了他的成就：「我認

1 本文譯自英文原版。為便於讀者閱讀，本書小標均為編者所加。

2 個人主義者：堅持以個人長遠利益為根本出發點和歸宿的人。

3 安德魯・薩默斯・羅文：（1857-1943）維吉尼亞人，一八八一年畢業於西點軍校、美國陸軍上校。他完成了把信送給加西亞這個重要軍事任務，被授予傑出軍人勳章。立功後曾服役於菲律賓，因作戰英勇受嘉獎。退役後在舊金山度過餘生，一九四三年一月十日逝世，終年八十五歲。

4 美西戰爭：一八九八年，美國為奪取西班牙屬地古巴、波多黎各和菲律賓而發動的戰爭。這是美國首次對海外用兵，以美國勝利而告終。

5 麥金利：（1843-1901）美國第二十五任總統。

6 加西亞：（1836-1898）古巴革命家、反西班牙起義的領袖。因起義而被捕，一八七八年出獄。獲釋不久後再次被捕。一八九五年，他來到美國。作為古巴起義軍的領袖，他在美西戰爭中發揮了重要作用。一八九八年在華盛頓去世，當時他是委員會的成員之一，正和麥金利總統討論古巴戰事。

為這次成就是軍事戰爭史上最冒險、最英勇的事蹟。」

這無疑是真實的，安德魯・薩默斯・羅文中尉將被世人永遠銘記於心，與其說是因為他的軍事才能，不如說是因為他優秀的道德品質。

一九一三年版作者序言：《把信送給加西亞》誕生始末

這本小冊子，《把信送給加西亞》，是我在晚飯後花一個小時寫成的。那天是一八九九年二月二十二日，華盛頓的誕辰：我們只是用這篇文章來應付三月分《菲利士人》雜誌的出版。

那天我正絞盡腦汁構思一篇文章，希望教育那些異常拖遝的市民從渾渾噩噩的狀態中醒過來，變得雷厲風行，這篇文章從我心裡油然而生。

然而，直接的建議卻是來自我和家人喝茶時的一個小小辯論，當時我的兒子伯特認為，羅文才是古巴戰爭真正的英雄，因為羅文孤身一人去完成了這件事情——把信送給加西亞。

兒子的話像一道閃電在我的腦海劃過！沒錯，孩子是對的，英雄是把信送給加西亞的那個人。我從餐桌旁起身，寫下了〈把信送給加西亞〉。我根本沒有把它放在心上，在雜誌上發表時，甚至沒有標題。這一期雜誌銷售一空，很快就有要求增訂三月分《菲利士人》的訂單，十二份、五十份、一百份……當美國新聞公司要求訂一千份的時候，我問了我的一位助理，到底是哪一篇文章引起了這麼大的轟動，他說：「是加西亞那篇。」

第二天，我們收到一封來自紐約中央鐵路局喬治．丹尼爾斯發來的電報：「關於羅文的文章，用小冊子的形式印刷十萬份——在封底印上帝國快遞的廣告——請發來報價，並通知我們多久以後能裝船。」

我回覆了報價，告知我們需要兩年的時間才能印完這些小冊子。我們的印刷設備是小型的，十萬冊這個數量對我們來說難以勝任。

最後，我只好授權丹尼爾斯先生，讓他按照自己的方式重印這篇文章。他把這篇文章以小冊子的形式發行了五十萬份。這五十萬冊子有兩到三成是丹尼爾斯先生發送出去的，另外有兩百多種雜誌和報紙轉載了這篇文章。它現在已經被譯成各種各樣的文字流傳於世。

就在丹尼爾斯先生印發《把信送給加西亞》時，希拉柯夫王子——這位當時的俄國鐵路局總長正好也在美國。他是紐約中央鐵路局邀請來的客人，在丹尼爾斯先生的陪同下遊覽美國。這位王子看到這本小冊子，對它很感興趣，可能更多的是因為丹尼爾斯先生正在大量發行，而非其他原因。王子回到俄國後，他安排人把這本小冊子譯成了俄語，俄國當時在鐵路上的工作人員人手一冊。

其他國家紛紛引進，從俄國傳到德國、法國、西班牙、土耳其、印度和中國。日俄戰爭期間，每一個奔赴前線的俄國士兵都會領到一本《把信送給加西亞》。日本人在俄國戰俘的身上搜到這本書，並認為這一定是好東西，因此把它譯成了日文。天皇下令，給每一個日本政府的雇員、士兵和平民分發一冊《把信送給加西亞》。

迄今為止，《把信送給加西亞》已經印刷了四千多萬冊[7]。據說這是有史以來，一個作者的文學作品在其有生之年所能達到的最大發行量——皆因眾多巧合促成。

阿爾伯特・哈伯德

一九一三年十二月一日

7 根據最新統計，截至二〇一六年六月，《把信送給加西亞》全球總銷量已突破八億冊。二〇〇〇年被美國《哈奇森年鑒》和《出版週刊》評選為有史以來全球最暢銷圖書第六名。

第二部分

把信送給加西亞

阿爾伯特·哈伯德

突如其來的任務

在所有關於古巴的事情中，有一個人讓我印象最為深刻。

美西戰爭爆發之際，和古巴起義軍的領袖加西亞迅速取得聯絡，是迫在眉睫的事情。加西亞隱藏在古巴廣闊的山區——沒人知道他在何處，也無法透過信件和電報聯繫上他。但是美國總統必須和他取得聯繫，以便雙方進行軍事合作，這事十萬火急。怎麼辦?!

有人對總統說：「如果有誰能為您找到加西亞的話，這個人就是羅文。」

於是，羅文被找來了，然後他拿到了這封給加西亞的信。至於羅文是怎樣接了信，又是怎樣仔細地用油布把信裹上，放在胸前，是怎樣搭乘一艘無帆的小船，在四天後的夜裡登陸古巴海岸離開，消失在叢林中，又是怎樣在三個星期之後徒步穿過這個危機四伏的國家，出現在島嶼的另一端，把信送給加西亞——關於這些細節我不想多說。我想說的是：麥金利總統把一封信交給羅文，讓他交給加西亞，羅文接過信，沒有問：「他在什麼地方？」

老天啊，我們真應該為他立一座不朽的青銅雕像，並把他的雕像放在全國所

「我們真應該為他立一座不朽的青銅雕像。」

有大學裡。年輕人要的不是死讀書，也不是各種教誨，而是一種堅強的脊梁，這樣才能不負重託、雷厲風行、傾盡全力，去完成「把信送給加西亞」的任務。

加西亞將軍已經去世，但是還有很多其他的「加西亞」。

沒有人能經營好這樣的企業——雖然企業需要眾多人手，但是經常會被普通人的弱智行為給震驚到——他們不能或不願意專心致志地做一件事。漫不經心地協助、心不在焉、漠不關心、濫竽充數，這些做法都快成了普遍行為。除非你威逼利誘，費盡口舌地勸說，或者希望老天有眼，派天使幫助你，否則你就別想做成什麼事。

「沒有任何藉口的人」最受歡迎

朋友們，我們不妨做個試驗：設想你坐在辦公室——有六個員工可以聽你差遣。喊來任何一個人，吩咐他：「請查一下百科全書裡關於柯勒喬的生平，做一個簡短的摘要給我。」

你的員工會很安靜地說：「好的，先生。」然後就去做這個工作嗎？
我敢說他絕對不會！他會滿臉疑惑地看著你，而且提出一連串類似的問題：

他是誰？
哪一本百科全書？
這本百科全書在哪裡？
雇我來是爲了做那個嗎？
您說的不是「俾斯麥」吧？
爲什麼不讓查利來做這件事？
他死了嗎？
這事急嗎？
我把百科全書拿給您，您自己查不行嗎？
您爲什麼要瞭解他？

我敢用十倍的賭注和你打賭，當你回答了所有的問題，當你解釋了怎麼找，

「這個員工會轉身離開，去找另外一位同事幫他找柯勒喬。」

以及你為什麼要找這些資料之後，這個員工會轉身離開，去找另外一位同事幫他找柯勒喬，然後回來告訴你，在百科全書裡根本查不到這個人。當然這個賭我也可能輸掉，但一般情況下我是不會輸的。

如果你是個聰明人，就不會費力告訴他，柯勒喬的資料應該在C字母開頭的索引中去找，而不是在K字母開頭的索引中，你只會非常親切地笑著說：「沒關係。」然後自己去查。

缺乏獨立行動的能力，思想遲鈍，意志不堅定，不願意積極主動抓住機遇，獲得晉升機會——這些因素導致真正的社會主義制度的實現遙遙無期。如果一個人不願意為了自己而努力進取，我們還能指望他會為別人的利益而做什麼嗎？

執行力：決定命運的關鍵力量

假如你刊登一則廣告，招聘速記員，你會發現九成的應聘者，既不會拼寫，也不會加標點，並且認為不必掌握這些技能。

這樣的人能把信送給加西亞嗎？

「你看那個會計。」一家大公司的總經理對我說。

「嗯，他怎麼了呢？」

「他是個能幹的會計，不過如果我讓他到城裡辦點事，他能把事情辦好，但也可能把路上的四個酒吧都喝個遍，等他到了市區的時候，可能早把自己的任務忘到九霄雲外了。」

這樣的人，你能委託他去給加西亞送信嗎？

近來，我們聽到許多人對那些「在血汗工廠飽受壓迫的工人」和「尋求正當工作的流浪漢」表達深切的同情，與此同時，那些人往往對掌權者惡言相向。

沒有人關心那些雇主，他們想讓懶散無能之輩做點用腦子的事情卻徒勞無功，他們一直耐心引導，甚至因此變蒼老了，然而這種幫助一點用也沒有，只要他們一轉身，那些員工就會無所事事。

在每家商店或工廠，都存在一個不間斷的人員淘汰的過程。雇主持續辭退那些不能為公司提高經濟效益的員工，同時雇用新的員工。

無論經濟多麼繁榮，這種篩選的過程都會持續。只是在經濟不景氣、就業困

「他可能把路上的四個酒吧都喝個遍。」

難的時候，這種篩選工作會更有成效——但是離開的永遠是那些沒有能力、沒有價值的人。

這就是適者生存。每一個雇主為了自身的利益，只會留下最優秀的人——那些能把信送給加西亞的人。

世界上到處都是有才華的窮人

我認識一個有真才實學的人，他缺乏自己創業當老闆的能力，對別人也沒有任何價值，因為他總是偏執地懷疑：他的老闆正在壓榨他或者想要壓榨他。他沒有管理別人的能力，也不願被管理。如果讓他把信送給加西亞，他很有可能回答說：「你自己去吧！」

今夜，這個人沿街尋找工作，風呼呼地灌進他的破外套。沒有一個認識他的人敢雇用他，因為他總是煽動不滿情緒。

當然，我知道這種心理畸形的人和身體有殘缺的人一樣值得同情。但我們在

「今夜，這個人沿街尋找工作，風呼呼地灌進他的破外套。」

同情他的時候，讓我們也為那些正在努力經營一家大公司的人流下一滴同情的眼淚。他們在下班鈴聲響起之後繼續工作，他們為了努力約束那些對工作漠不關心、馬虎隨意、平庸無能、忘恩負義的人，早早白了頭髮，要不是有他們的企業，這些人就只能忍饑挨餓，無家可歸。

我是否誇大其詞了？也許是這樣。但是，當全世界都在探訪貧民窟時，我希望對那些成功人士表示一下同情——那些人頂住逆境，管理其他人的工作，並獲得成功。可是除了果腹的衣服和食物外，他們什麼也沒有得到。我曾經帶著便當去上班，為每天的薪水而工作；我也曾經做過雇主，我心知肚明勞資雙方各有其苦。

貧窮本身不代表優秀，衣衫襤褸也不能說明才華出眾；並非所有的雇主都是貪婪而專橫的，正如並非所有的窮人都品德高尚一樣。

我欣賞那些不論老闆在與不在都一樣認真做事的人。他們收到給加西亞送信的任務，只是默默地拿著信，不會提任何愚蠢的問題，也不會打算偷偷把信扔進最近的下水道裡，去做送信以外的任何事情。他們永遠都不會被解雇，也不會為了加薪而鬧罷工。

文明社會長期以來都在熱切尋求這樣的人。這樣的人無論提出什麼要求，都應該被滿足。每一個城市、城鎮、村莊都需要他們，每個辦公室、商店、工廠都需要他們。全世界都在呼喚：我們需要，而且迫切需要——能「把信送給加西亞」的人。

阿爾伯特·哈伯德

一八九九年

第三部分

我是怎樣
把信送給加西亞的

安德魯・羅文

臨危受命

「在哪兒？」麥金利總統詢問軍事情報局局長亞瑟．華格納上校，「在哪兒我可以找到能把信送給加西亞的人？」

上校立即回答道：「在華盛頓就有一個年輕的軍官，陸軍中尉羅文，他可以為您送信。」

「派他去！」總統下令。

美國和西班牙即將開戰，總統急切地想得到相關情報。他意識到，要想獲勝，美國軍隊必須和古巴起義軍合作。他明白，關鍵就是要知道西班牙軍隊部署了多少兵力在島上；他們的戰鬥力、武器裝備、士氣，以及軍官（尤其是高級將領）的性格特點；一年四季的道路狀況；西班牙和起義軍雙方的醫療衛生條件、古

安德魯．薩默斯．羅文中尉

巴這個國家的概況；雙方的武器裝備如何，美軍集結後，古巴軍隊要先牽制住敵軍需要哪些幫助；這個國家的地形情況，以及許多其他重要的情況。

出人意料的是，總統「派他去！」的命令，與軍情局局長回答「誰能把信送給加西亞」的問題一樣果決。

「把信送給加西亞」

大約一個小時之後，時值正午，華格納上校過來通知我下午一點鐘到海陸軍俱樂部和他一起午餐。我們吃飯時，上校——順便提一句，他出了名愛開玩笑——問我：「下一班去牙買加的船什麼時候出發？」

我以為他又要開玩笑，於是決定，可能的話要調侃他一下，於是我藉口離開了一兩分鐘，然後回來告訴他，「安狄倫代克號」英國船將於明天中午從紐約起航。

「你能趕上那班船嗎？」上校突然問。

雖然我仍然認為上校在開玩笑，但我還是做了肯定的回答。

「那麼，」我的長官說，「準備好上船吧！」

「年輕人，」他接著說，「總統已經選派你去聯繫加西亞將軍，準確地說，是讓你送一封信給他，他在古巴東部的某個地方。你的任務是從他那兒獲取軍事情報，根據用途把情報編排好，在規定的時間內帶回來。你帶給他的信裡有總統想要知道的一連串問題。除了必要時需要書面文件證明你的身分，其他任何書信溝通都要避免。歷史上已經發生太多類似的悲劇，證明不能冒險留下書面證據。獨立戰爭中，大陸軍的南森．黑爾和美墨戰爭中的里奇中尉，都是在送緊急情報時被捕，他們兩人都被處死，並且里奇中尉身上攜帶的斯科特進攻韋拉克魯斯[1]的計畫也暴露給了敵軍。因此，你絕對不能失敗、不能有半點閃失。」

這時我才意識到，華格納上校不是在開玩笑。

他繼續說：「會有人想辦法在牙買加證明你的身分，在那裡有一個古巴革命軍機構，剩下的就要靠你自己了。除了我現在給你的這些資訊，你不會再收到任何指示。」

他提供的資訊的確很簡略，基本上就像一篇文章開頭的大綱那樣精練。

「你今天下午做好準備，軍需部長韓弗理斯會確保把你送上金斯頓[2]海岸。此後，假如美國對西班牙宣戰，進一步的作戰指令將會以你發回來的電報作為依據，否則一切都將無計可施。你必須自己獨立策畫執行這項任務。這項任務交給你了，你就是唯一的委託對象。你一定要把信送給加西亞。你的火車今天半夜出發。再見，祝你好運！」

我和他握了握手。手鬆開的時候，上校又囑咐了一句：「一定要把信送給加西亞！」

無條件執行任務

在我緊急做準備時，我考慮了一下自己的處境。正如我所理解的那樣，我的

1 韋拉克魯斯：韋拉克魯斯州（Veracruz），墨西哥的一個州，位於該國中部偏東，東部面向墨西哥灣。

2 金斯頓：位於牙買加島東南岸海灣，是牙買加的首都和政治、經濟、文化中心。

任務之所以艱巨複雜，主要原因是現在還未開戰，我離開的時候也不太可能開戰，很有可能我到了牙買加還是不會開戰。所以，走錯一步，都有可能導致終身的遺憾。要是已經開戰了，雖然危險並不會減少，但我的任務可能會簡單一些。

面對這種情況，通常執行者都會要求有書面指示，因為他的名譽和生命都危如累卵。在軍隊中，軍人的生命交由國家處置，但他的名譽是自己的，不應被任何掌權者毀掉，不論是由於疏忽還是別的什麼原因。但是在當時，我卻絲毫沒有要求「書面指示」這樣的念頭。我心裡只是想著，我的任務是把信送給加西亞，並從他那裡得到具體的情報，我現在就要去做這件事。我們這次的談話內容，華格納上校是否已經在副指揮的辦公室做了存檔，我也不得而知。在這一天即將結束的時候，這已經不重要了。

第一次意識到危險

午夜零點零一分，火車駛離華盛頓，那時，「在黑色星期五出發不吉利」的迷信說法充滿了我的心。星期六火車才開動，但我在星期五就離開俱樂部了。我猜想，命運之神會認定我是星期五離開的。但是，當我想到其他事情時，我很快就忘了這件事，等到後來我再次想起來時，這件事變得不重要了，因為我已經完成了使命。

「安狄倫代克號」準點啟航，途中風平浪靜。我避免和別的乘客有交集，只和一個同行的電力工程師交談，從他那兒瞭解周圍的情況。他告訴我一個有趣的消息，因為我不和他們來往、絕口不提自己的事，一群愛開玩笑的傢伙送了我一個綽號：「滑頭」。

當船駛入古巴海域，我才第一次意識到危險。我只帶了一份會讓我獲罪入獄的文件，一封美國國務院寫給牙買加官方證明我身分的信。但是戰爭如果在「安狄倫代克號」駛入古巴之前就爆發了，西班牙人根據國際法可能會上船搜查。

由於我是非法入境，而且是一個送情報的非法入境者，很可能會被當作戰犯抓起來，送到任何一艘西班牙船上。雖然這艘英國輪船在戰爭爆發之前懸掛著中立國的旗子，從一個和平的港口駛往一個中立國的港口，但是也有可能被擊沉。

想到事情的嚴重性，我把文件藏到特等艙的救生衣中。當看到船繞過了海角時，我才算鬆了一口氣。

史上最奇怪的旅程

第二天早上九點，我終於上岸，來到牙買加。我很快聯繫上了古巴軍方的頭領萊先生，他和他的助手跟我一起計畫如何盡快找到加西亞。

我在四月八日至九日離開了華盛頓；四月二十日，從美國發來的電報稱，美國已經對西班牙發出了最後通牒，要求西班牙在二十三日前把古巴交還給古巴人民，並撤走島上所有的武裝力量，及領海中的海軍。我用加碼電報告訴他們我已經到達；四月二十三日，我又接到一封加密電報：「盡快和加西亞取得聯繫。」

收到電報幾分鐘後，我來到了起義軍的總部，他們正在等我。那裡有很多流亡的古巴人，這些人我以前從未見過。我們正在閒聊的時候，一輛馬車開了過來。

「該上車了！」有人用西班牙語大喊。

他們二話沒說，就把我領到那輛馬車上，在裡面坐了下來。

然後我就開始了一段無論對於現役或退役的士兵而言，都稱得上是史上最奇怪的旅程。我的車夫是世界上最沉默寡言的馬車夫。他既不跟我說話，當我跟他說話的時候，他也不回應我。車門一關上，他便駕車在金斯頓迷宮一般的大街上急速狂奔。他駕著馬車一路奔馳，速度絲毫不減，很快我們就穿過郊區，進入人煙稀少的地方。我敲了敲車廂，甚至還踢了車廂一腳，可是他依然毫無反應。

他似乎知道我的任務是給加西亞送信，知道自己必須用最快的速度將我送出第一段路程。幾次三番和他說話都徒勞無功後，我決定順其自然，就坐回了我的座位上。

又前進了四英里，穿過茂密的熱帶叢林之後，我們在西班牙鎮寬敞平坦的大道上飛馳，最後在一片叢林邊停了下來，車門打開，出現了一張陌生的面孔，他請我轉乘另一輛已經等候多時的馬車。

這一切實在太奇妙了！似乎有人安排好了一切！沒有一句多餘的廢話，也沒有多耽擱一秒鐘。

辦法總比困難多

一分鐘後，我又上路了。

第二個車夫和第一個車夫一樣，都沉默不語。儘管我努力想和他說話，但他就是不開金口，只是盡可能快地趕著馬車向前飛奔。很快我們就穿過西班牙鎮，爬上科波拉河峽谷，到達島上的主山脈，道路在此處向下而行，一直通往加勒比海聖安海灣的深藍色海域。

儘管我費盡心思，想讓車夫開口說話，但他仍然一言不發。他沒有發出任何一點聲音、做出任何一個手勢，表明他聽懂了我的話，只管駕車在寬敞的馬路上疾馳。隨著海拔上升，我的呼吸也更順暢。太陽即將下山時，我們來到一個火車站。

但是，路邊斜坡上向我走來的一團黑影是什麼人？莫非是西班牙政府察覺到了我的行動，派來跟蹤我的牙買加官員？我剛看到這團黑影的時候，心裡感到很不安，不過我馬上就放鬆了，因為這團神祕的黑影是一個蹣跚而來的年邁黑人。他從門口塞給我一隻香噴噴的烤雞和兩瓶巴斯啤酒，打機關槍似的說著一口方言，由於我偶爾能聽懂一兩個單詞，我明白他是在讚揚我幫助古巴重獲自由，還說幫我只是在「略盡他一份綿薄之力」。

不過車夫對此毫不理睬，對烤雞和我們的談話都毫無興趣。很快我們已經換了兩匹新馬重新上路。當車夫揮鞭催促馬兒快跑時，我來不及向年邁的黑人告別，只能大聲地喊道：「再見，大叔！」

馬車在黑夜裡風馳電掣般地飛奔，不一會兒我就看不見他了。

儘管我很明白自己肩負的這項使命非常重要，但是我仍舊陶醉在熱帶雨林的奇觀中，暫時將使命完全拋在了腦後。熱帶雨林的黑夜和白天一樣迷人。不同的是，在陽光的照耀下，這裡是一個四季常青的植物世界，而在夜間，則是一個讓人激動的飛蟲世界。從短暫的黃昏進入暮色低垂，螢火蟲就點亮了牠們的磷光燈，帶著牠們奇異的美麗湧入叢林。

夜幕剛剛降臨，整個森林立刻閃爍出點點螢光，森林被這些奇妙的螢火蟲點綴得閃閃發亮，當我橫穿這片叢林時，以為來到了人間仙境。

不過，當我想起正在執行的任務，即便是如此的奇景也無暇顧及了。我們仍舊在飛速狂奔，驅趕著馬兒拚命奔跑，突然，樹林裡傳來了一陣尖銳的哨聲！

馬車停了下來。一群人突然出現，似乎是從地底下冒出來的。我被這群全副武裝的人包圍了起來。在英國領土上被西班牙的士兵攔截，我絲毫不擔心。但是，這種突如其來的攔截讓我感到心驚膽顫。如果是牙買加當局派來的人，那我的任務就無法完成了，一旦牙買加當局獲悉我在這裡違反了該島的中立法，一定會阻止我繼續前進。假如這些人是英國士兵就好了！

不過，我的擔憂很快就解除了。馬車夫和他們經過一陣低聲交談之後，我們又上路了！

一個值得信賴的人來了

大約一個小時後，我們在一棟房屋前停下來，屋裡微弱的燈光照出了它的輪廓。晚飯已經備好了。很顯然，古巴革命黨人不太講究吃飯的禮儀。

他們首先請我喝了一杯牙買加蘭姆酒。在差不多九小時的時間裡換了兩次車馬，趕了差不多七十英里的路程，我仍舊沒有絲毫倦意，但我知道這杯蘭姆酒是很不錯的！

接下來大家開始互相介紹。這時，從隔壁房間走出來一個人，他的身材瘦高結實、表情堅定，還留著濃密的鬍鬚，一隻手上少了一根拇指。這是一個在緊急時刻可以依靠，在任何時候都可以信任的人。忠厚誠懇的眼神反映出他人格的高尚。他是位於伊比利亞半島的西班牙人，曾經去過古巴，在聖地牙哥與舊西班牙當局發生衝突，結果失去了一根手指頭，並遭到流放。他是赫瓦希奧・薩維奧，負責護送我找到加西亞將軍，把信送給他。其他的人都是雇來的，他們協助我離開牙買加——這段路程還有七英里——此外，我還有一個「助手」，或稱他為勤務兵。

休息了一個小時後，我們繼續前進。離開那所房子前進了大約半個小時，我們再一次聽見哨聲，馬車停了下來。我們下車，鑽進一片甘蔗林，悄悄穿行了大約一英里之後，看見一片瀕臨海灣的椰樹林。在距離岸邊五十碼的地方有一條輕輕蕩漾的小漁船。

突然，漁船上閃過一束亮光。我想這一定是報時信號，因為我們來的時候沒有發出任何聲響。對於船員如此高度警惕，赫瓦希奧顯然十分滿意，他也回了信號。

我向革命黨人代表表示了謝意，我趴到一個船員的背上，他蹚水將我送上漁船。

至此，我給加西亞送信的第一段路程宣告完成了。

「我必須找到加西亞」

上船後我就注意到，為了壓艙，部分地方堆滿了大石頭。一捆捆長方形的東西顯然是貨物，但還不至於影響船的前行速度。船上除了這些石塊和袋子，還有臨時船長赫瓦希奧和兩名船員、我和助手，因此沒有什麼自由活動的空間。

因為我不想與好客的英國發生任何聯繫，我告訴赫瓦希奧，我希望盡快走出這剩下的三英里。他回答我說，因為風力太小，船不能在狹小的海灣裡揚帆航行，必須用船槳划過前方的岬角才行。然而，我們剛駛出岬角，便吹起了陣陣輕風，於是我們升起了船帆。

充滿艱辛的第二段路程開始了。

坦白說，出發後，我偶爾也有憂心忡忡的時刻。假如我在距離牙買加海岸三英里內的地方被捕，我的名譽就會受損。如果是在距離古巴海岸三英里內的地方被捕，我的生命也會面臨危險。我唯一的朋友就是這些船員和加勒比海。

向北一百英里就是古巴海岸，有西班牙武裝輕型軍艦在巡視，這種裝備輕巧的軍艦不僅配備了小口徑的樞軸火炮和機關槍，而且每個船員都佩帶著毛瑟槍——我後來才知道——他們的裝備比我們船上的任何武器都要先進得多，我們擁有的只是一些隨處可見的劣質武器。如果和他們的任何一艘軍艦相遇，我們幾乎沒有逃脫的希望。

但我必須成功，我必須找到加西亞，親手把信交給他！

我們決定，先將船駛到離古巴海岸三英里之外的海域，然後趁夜色迅速揚帆航行或划船離開，再將小船藏在合適的珊瑚礁後面，等待天亮。由於我們沒有任何相關的證件，所以如果我們被俘，很有可能會被擊沉，敵人什麼也不會問。裝滿石頭的船很快就會沉入海底，就算有人發現漂浮在水面上的屍體，也找不到蛛絲馬跡。

海上驚魂

現在是清晨，空氣涼爽舒適。連日來馬不停蹄地趕路使我疲憊不堪，正想睡覺休息一下，突然聽見赫瓦希奧驚呼了一聲，把我們嚇得全都跳了起來。原來，幾英里外有一艘令人望而生畏的驅逐艦，直直地向我們開過來。

赫瓦希奧用西班牙語喝令所有船員降下船帆。他假扮成一個懶洋洋的舵手，靠在船邊的舵柄上，其餘人都躲在船舷下面，讓船頭與牙買加海岸線保持平行。

這位鎮定自若的舵手說：「他們也許會覺得我是個來自牙買加的孤獨漁夫，就放我們過去了。」

果不其然，在能夠聽見聲音的距離內，驅逐艦上有一個年輕時髦的指揮官用西班牙語對著赫瓦希奧問道：「有抓到什麼魚嗎？」

我們的嚮導也用西班牙語回答：「沒有，今早該死的魚老是不上鉤！」

如果那個軍官，不管他的軍銜是什麼，只要他稍微聰明一點，將船再靠近一些，他一定能夠「抓到魚」，那麼我也就無法寫這個故事了。當他遠離我們一段距離以後，赫瓦希奧發出重新升起船帆的命令，並轉身對我說：「如果先生累了想睡覺，現在可以放心去睡，我想危險已經過去了。」

接下來的六個小時即使發生了什麼事情，對我也沒有造成干擾。而且我完全相信，除了熱帶炙熱的陽光，再也沒有什麼東西能將我從搖搖晃晃的睡墊上弄醒。不過，那幾個古巴人把我叫醒了，他們一直賣弄自己的英語，並得意洋洋地和我打招呼：「早安，羅文先生！」陽光一整天都很明亮。牙買加陷入了一片光亮之中，如同一塊鑲嵌在翡翠底座的巨大寶石。湛藍的天空萬里無雲，在海島的南面，綠油油的山坡被隔成大塊的方格，然而北面卻是一片陰暗。古巴正被一朵巨大的雲籠罩著，我們焦急地看著，絲毫沒有看到烏雲散開的跡象。但是幸好起風了，而且幾個小時之內，風力越來越強勁。我們的漁船開得飛快，掌舵的赫瓦希奧心情也很好，跟船員打趣說笑，吞雲吐霧地吸著菸，像個「火山噴氣孔」似的。

決定命運的關鍵時刻

下午四點左右，烏雲漸漸散去，在金色陽光照耀下的馬埃斯特拉山——古巴島主山脈顯得那樣秀美與巍峨。就像你掀開遮布以後，顯露出來的是一幅出自大師之手的傳世佳作。不管是色彩、雲朵，還是山峰、陸地和海洋，它們都渾然一體，妙不可言。世界上再也找不到和它一樣的地方，因為地球上再沒有高達八千英尺，峰頂四季常青，雄偉的碉堡城垛延綿數百里的山峰！

我陶醉在美景之中，可是很快就被赫瓦希奧打斷，他開始收帆。我問他為什麼收帆，他說：「我們現在的位置比我想像中更靠近古巴海岸。不論這裡是不是公海，我們現在處於軍艦的作戰區。我們必須離得更遠，充分利用公海的優勢，繼續靠近就會被敵人發現，我們沒必要去冒這種危險。」

我們倉促地檢查了一下儲藏的武器。我只拿了一把史密斯．威森牌左輪手槍，所以他們讓我拿了一支看上去十分嚇人的來福槍。我也許可以用它開上一槍，不過我很懷疑，它是否還能開出第二槍。其他的船員、我的助手都配備了看似可怕的武器，舵手則一直在座位上觀察船頭的三角帆。現在決定命運的時刻到來了！到目前為止，一切都比較容易、相對比較安全。此時此刻卻是危機四伏，面臨著死亡的威脅！如果我被捕，就意味著死亡、意味著不能完成送信的任務！

儘管看上去近在咫尺，但我們距離海岸大約還有二十五英里。我們等到半夜才揚起帆索，船員都用槳在淺水裡划行。這時湧來一個大浪，及時將我們推了一把，這股強大的作用力把我們推進了一個隱蔽而寧靜的海灣。我們摸黑在離岸五十碼處抛了船錨。我建議立刻登陸，但赫瓦希奧回答道：「先生，無論是岸上還是海上都有我們的敵人，因此最好按兵不動。如果有刺探的軍艦開過來，它很有可能撞上我們剛經過的珊瑚暗礁，那時我們就可以上岸，有葡萄架做掩護，我們可以放心大膽地走。」

低緯度的海面上，在海天交匯處彌漫著像霧一樣的熱帶煙霧，已經開始慢慢消散，茂密的葡萄藤、紅樹林，還有爬滿荊棘的樹木開始顯現出來，差不多一直延伸到海邊。不過一切都難以分辨，但是，彷彿為了減少我們對周圍環境的迷惑，太陽燦爛地升到了古巴的最高峰——圖爾基諾峰。瞬間，一切發生了改變，薄霧消失，天地一下子變了顏色，就連緊靠在懸崖峭壁上的灌木叢上的黑影也不見了，一直拍打著海岸的灰色海水也似乎受到了某種魔力而變成了神奇的綠色。這是一次壯麗的勝利，光明戰勝了黑暗。

登陸之日

船員都忙著將行李搬上岸，赫瓦希奧注意到我沉默地站著，神色茫然，因為我想起了一首詩：「夜晚的蠟燭已經燃燒殆盡，快活的白天踮起腳尖站在薄霧彌漫的峰頂。」詩人寫下這句詩時，腦海裡浮現的一定是和現在同樣的美景。他低聲對我說：「這是圖爾基諾峰，先生。」

我的白日夢很快就結束了。貨物已卸完，我被送上岸，船被拖到一個小港灣倒扣過來，藏在叢林裡。這時已經有一幫衣衫襤褸的古巴人，聚集在我們登陸的地方。至於他們從何處來，又如何得知我們是同志，這些問題我無法弄清楚。毫無疑問，他們一定交換了某種暗號，他們是來做挑夫的。其中有些人當過兵，有些人身上還有被毛瑟槍擊中後留下的疤痕。

我們上岸的地方正好是從海岸通往叢林各條道路的交會處，向西一英里處，我看見一縷縷輕煙從林中婀婀升起。他們告訴我，那些煙是從煮鹽的鍋或盤狀器皿中飄出來的，製成的鹽給古巴的難民食用，這些人從恐怖的集中營逃出來以後就一直躲在山裡。

至此，第二段路程就結束了。

尋找加西亞將軍

儘管我們已經闖過了很多險關，但以後會有更多危險等著我們。西班牙士兵正四處搜捕古巴人，有著「屠夫」綽號的韋勒所帶領的部隊更是心狠手辣。只要在集中營以外，任何一個帶武器的人都會被他們殺死，即便是手無寸鐵的無辜良民，他們同樣不會放過。我心裡非常明白，沒有見到加西亞之前，接下來的路途仍然充滿危險，但我沒時間去考慮，唯一能做的就是繼續趕路！

古巴的地形十分簡單，向北有一片覆蓋著叢林的陸地，平坦狹長、綿延約一英里，一直延伸到內陸。在這迷宮一般的叢林裡，普通人只有靠披荊斬棘才能出去，唯有那些土生土長的古巴人才能自如地穿行。天氣已經熱得讓人難以忍受，這時我才開始羨慕那些同伴，他們身上沒有一件多餘的衣服。

新的征程很快就開始了，茂密的樹葉、蜿蜒的小路、酷熱的霧氣，很快把一切都籠罩住了，遮住了大海和山峰，實際上，連我們彼此之間都看不清楚。儘管我們無法透過這片茂密的叢林看到太陽，但是它已經把這片叢林烤成了人間煉獄。我們進入到小山深處，離海岸線越來越遠，樹木之間的距離也越來越大，視野變得開闊起來。我們找到一塊空地，在那裡發現了幾棵椰子樹。大家吸著新鮮清涼的椰汁，乾枯的喉嚨頓時覺得滋潤起來。

但我們不能在這個舒適的地方久留。我們必須在夜幕降臨之前繼續趕路，翻過好幾公里的山路才能到達另一處隱蔽的空地。我們很快就進入了真正的熱帶叢林。在這種環境下趕路相對容易，因為有微風吹過，雖然風輕得幾乎難以察覺，但它能使呼吸暢快起來，而且眼下，精神也振奮了許多。

大白天撞見敵人

穿越森林，就進入波蒂略到古巴聖地牙哥的「皇家大道」。當我們離公路越來越近時，我發現同伴一個接一個迅速消失在叢林裡，最後只留下我和赫瓦希奧。

我正想問個究竟，卻見赫瓦希奧將手指放在嘴唇上，示意我不要出聲，我立刻把來福槍和左輪手槍準備好，接著他也消失在這片熱帶叢林中。

我很快就明白了他們這些奇怪舉動的原因。因為我聽見大路上傳來了西班牙騎兵的馬蹄聲和軍刀聲，偶爾還能聽到一兩聲命令。

幸虧同伴機智敏捷，否則我們肯定在公路上和敵人撞個正著！

我扣住來福槍的扳機，轉動我的「史密斯．威森」左輪手槍，準備就緒，緊張地等待接下來可能會發生的事情。只要槍聲一響，馬上就行動。可是我等了半天都沒動靜，那些消失的同伴又一個個地出現了，我看見赫瓦希奧走在最後。

「萬一被敵人發現，我們只要分開行動就可以戲弄他們。由於我們散布在公路沿線一個比較合理的範圍內，一旦開槍，敵人就會誤以為中了埋伏。這個戰術倒是不錯，」赫瓦希奧笑著說，臉上充滿了惋惜，「不過，完成任務要緊，娛樂排在第二位！」

戰爭時，古巴人民會在起義軍經常路過的路旁，生一堆篝火，在熱灰裡埋上紅薯烤熟。如果那些飢腸轆轆的士兵路過，可以拿來填飽肚子。在當天下午的行程中，我們就看見了一個這樣的火堆。一個個香甜的烤紅薯傳到每一個人手中，我們把火掩埋好之後，繼續前行。

當我們吃著香甜的烤紅薯時，我不禁想起革命時期的馬里恩和他的戰士，他們打仗時也這樣吃過東西。這時我腦海中突然冒出一個想法：既然當年的馬里恩和他的部隊能獲勝，那麼現在這些古巴人民同樣能夠做到，因為他們此刻對自由、對民族解放的渴望和祖國那些愛國的先驅相比，毫不遜色。我想到自己肩負的使命，就是盡快和加西亞將軍聯繫上，掃清我國士兵進入古巴的障礙，幫助古巴人民爭取勝利，一種自豪之情不禁油然而生。

後半夜差點遇害

到達那天行程的終點時，我注意到有一群衣著怪異的人。

「這些都是什麼人？」

「先生，他們都是西班牙軍隊的逃兵，」赫瓦希奧答道，「他們說，由於無法忍受飢餓和軍官的虐待才從曼薩尼略逃出來的。」

儘管逃兵有時候也有價值，但在這荒野之中，我更喜歡與他們保持距離。如果他們當中有人是奸細，跑去向西班牙軍隊告密，說有一個美國人正試圖穿越古巴、接近加西亞將軍的營地，那麼敵人一定會想辦法阻攔我。所以我對赫瓦希奧說：「仔細盤問這些逃兵，別讓他們在我們逗留期間離開營地。」

「好的，先生。」他答道。

幸好我給了這樣的指示，才得以順利完成使命。我猜想，他們當中有一兩個人對我起了疑心，要去向西班牙指揮官報告我的行蹤，事實證明我的懷疑是正確的。我假定他們知道我的任務，那麼我的出現足以引起其中兩個人的懷疑——他們最後被證實真的是間諜，而且差一點就刺殺了我。這兩個人原本決定晚上離開營地，穿越叢林去西班牙前線告密：有一個「美國軍官」正被護送著穿越古巴。

午夜時分，我被值勤哨兵的叫聲和槍響驚醒了。突然在吊床前躥出一個人影，我趕緊閃到一邊，這時又出現了另一個人影，第一個人被劈倒在地上，刀從他的右肩刺進了肺部。這個傢伙臨死前交代了所有的事情：他們商量好了，如果他的同伴沒能逃出營地，他就將我殺死，不管我負責的計畫是什麼，都要阻止我完成。哨兵開槍打死了這個傢伙的同夥。

馬背上的美國特使

直到第二天很晚，我們才備齊馬和馬鞍，因為實在太晚了，根本無法再趕路。儘管我心急如焚，卻毫無辦法。弄到馬鞍比找到馬還要困難。於是我有些不耐煩地問赫瓦希奧，為什麼我們不能不要馬鞍就上路。

「加西亞將軍正率領軍隊攻打古巴中部的巴亞莫，」他答道，「我們必須走很遠的路才能到達那裡。」

正因為如此，我們才需要找到馬鞍和馬具。接下來的四天我們都在馬背上度過，看著分派給我的坐騎，我忍不住佩服赫瓦希奧的智慧，我對他的敬意更是與日俱增。如果沒有馬鞍，直接騎在馬背上對我來說意味著巨大的折磨。然而，我要讚揚這匹馬，套上馬具後，牠真是無比英勇，美國平原上任何一匹精心飼養的馬都不能與之媲美。

離開營地後，我們沿著山脊走了一段路程。如果是一個不熟悉路徑的人，肯定會在這複雜迷亂的荒野中陷入絕望，不過我們的嚮導對這裡彎彎曲曲的小路瞭若指掌，走起來沒有絲毫困難。

我們到達一個分水嶺後，開始從東面的山坡下山。這時有一群孩子簇擁著一個白髮垂肩的老人迎接我們。赫瓦希奧和老族長說了幾句話，森林裡馬上響起了熱烈的歡呼聲：「萬歲！」為美國歡呼、為古巴歡呼，也為我這個「美國特使」歡呼。這一幕讓我很感動。我不知道他們是如何得知我已經抵達的消息，但是這個消息在叢林中飛速傳開，我的到來讓這位老族長和孩子都非常高興。

當天晚上我們在亞拉宿營，一條河流經我們宿營的山麓，他們告訴我，這一帶危機四伏。這裡修建了許多「戰壕」，要是西班牙軍隊從曼薩尼略攻打過來，還可以防護峽谷。亞拉在古巴的歷史上是一個偉大的名字，因為在一八六八至一八七八年的「十年戰爭」中，第一聲對「自由」的呼喚，就是從亞拉這個城鎮發出來的。他們讓我將吊床掛在戰壕後面，順便說一下，其實這並不是真的戰壕，不過是齊胸高的一堵石牆。我注意到，他們不知道從哪裡找來了一名衛兵，整晚都在站崗放哨。

赫瓦希奧不想讓我的任務有任何閃失。

策馬前行

第二天早晨，我們開始攀登馬埃斯特拉山脈的支脈，山峰從馬埃斯特拉山脈向北延伸，形成了這條河流的東岸。我們沿著已經風化的山脊攀登而上。危險隱藏在低處。可能會遭到埋伏、槍擊，或者被西班牙機動部隊切斷去路。

接著我們要穿越一條堤岸陡直的溪流，只能像動物一樣爬上爬下。雖然我見過很多虐待動物的場景，但都沒有這次殘忍。為了讓疲憊不堪的馬能盡快走下山谷、再走出來，對馬動用的大刑簡直不可思議。但是實在沒辦法，我們必須把信送到加西亞將軍手中。更何況，在戰爭期間，成千上萬的人都被剝奪了自由，馬也只好受點罪。我很同情這些牲畜，但我沒有時間悲天憫人。

這段我有生以來所經歷的最艱難的騎行結束後，我感到十分寬慰。我們停在一間茅草屋前，它處在希瓦羅的森林邊緣，周圍全部是玉米地。屋簷上掛著新鮮的牛肉，廚師正準備用它和木薯麵包為「美國特使」做一頓美味可口的大餐。很快，這裡所有的角落都知道了我到來的消息。

我剛吃完豐盛的晚餐，就聽見森林邊傳來一陣騷亂的說話聲和馬蹄聲。里奧斯將軍的手下卡斯蒂略上校來了。這位訓練有素、氣宇軒昂的卡斯蒂略上校代表他的上司歡迎我到來，里奧斯將軍應該明天上午到。然後他就俐落地翻身上馬，用馬刺狂暴地策馬，像風一樣迅速離開，如同他匆匆到來。

他的歡迎使我確信，我正跟著一位經驗豐富的嚮導前進。

「海岸將軍」的禮物

次日早上，里奧斯將軍和卡斯蒂略上校來了，他還送給我一頂古巴產的巴拿馬草帽。

里奧斯將軍，人稱「海岸將軍」。他皮膚黝黑，顯然有印第安人和西班牙人的血統，而且步履矯健。在他的地盤，西班牙軍隊的突襲沒有一次成功，他總是隨機應變。他的情報來源和直覺判斷力都十分神祕。將躲藏的士兵家屬加以遷移，並給他們提供充足的食物很困難，但里奧斯將軍做到了，由此可知，提前掌握敵軍的行動是必要的。由於西班牙軍隊經常採用的戰略是包圍森林以後加以大肆搜捕，如果毫無收穫就把整個地區夷為平地。將軍對此採取的策略是打游擊戰，有機會就進行近距離攻擊，這種辦法非常奏效。

為了護送我，里奧斯將軍特意派了兩百人的騎兵部隊，我們列成隊伍前進，就算被敵人發現，我方人數看上去也有些嚇人。

我不禁注意到，帶隊的人不僅訓練有素，而且行動十分迅速。我們重新進入了森林，隱蔽在馬埃斯特拉山的綠樹濃蔭裡。林間小道雖然不時被堤岸陡峭的溪流隔斷，但是相對比較平坦。道路十分狹窄，常常會有伸出的樹幹擋住去路，刮破我們的皮膚，我們還得不停地清理掉在馬背上的枝葉。然而，讓我驚歎的是嚮導的步伐依舊穩健。我的位置通常是在隊伍的中間，但是我想近距離看看這個帶隊的人。隊伍過河的時候，我騎到前面，仔細觀察了他。這個跟煤炭一樣黑的黑人，他叫蒂奧尼西托．洛佩茲，是古巴軍隊裡的一名中尉。在人跡罕至的森林中，面對那些糾纏交錯的灌木叢，他能用最快的速度開出一條暢通的小路。他使用砍刀的技巧神乎其技，樹上像羅網一樣的藤蔓紛紛倒下，剎那間，堵塞變成通路。洛佩茲看起來有用不完的力氣。

「有一個好消息要告訴你」

我們於四月三十日晚上到達了巴亞莫河的支流里奧布埃河，距離巴亞莫城大約二十英里。我們剛把吊床準備好，赫瓦希奧出現了，他看起來精神煥發，十分心滿意足。

「他就在這兒，先生！加西亞將軍此刻就在巴亞莫城。西班牙軍隊正沿著考托河下游撤退，他們的後衛部隊在考托河內河碼頭。」

我急於見到加西亞將軍，因此建議連夜趕路，可是大家開會研究後，沒有採納我的意見。

在我們的日曆上，一八九八年的五月一日是「杜威日」。當我還在古巴的森林裡沉睡時，偉大的加西亞將軍為了給西班牙艦隊以致命的打擊，正冒著槍林彈雨從柯雷吉多爾島進入馬尼拉灣。當我準備動身前往他的營地的當天，加西亞將軍擊沉了敵軍的戰艦，朝著菲律賓首都逼進。

第二天一大早，我們繼續趕路。在通往巴亞莫平原的山坡上，我們沿著一級一級的梯田往下走。由於戰爭的關係，這片遼闊的土地荒廢了多年，彷彿從未有人住過一樣。坎德拉里亞莊園被焚毀後的黑色廢墟，無聲地證明了西班牙軍隊的作戰方式。我們到了平原，在荒無人煙、雜草叢生的原野騎馬走了一百多里。儘管頭頂的烈日給我們帶來了無盡的酷暑，還要忍受齊頭高的雜草，但是只要想到目標就在眼前，所有的艱難困苦就都被我拋到了九霄雲外。也許馬兒也知道任務即將完成，疲憊的身軀和我們一樣充滿了期待和渴望。

最後一段路程

我們發現了一條從巴亞莫到曼薩尼略的大路，在那兒遇到了一群衣衫破爛但興高采烈的人，他們正湧向城市。他們嘰嘰喳喳的聲音讓我聯想到叢林中的鸚鵡。他們終於可以回到闊別已久的家園。

騎馬從河東岸的帕拉勒約到城裡很近，這個曾經擁有三萬人口的城市，如今變成了一個只有兩千人的小村莊。巴亞莫河的兩岸是西班牙人修建的碉堡，這些碉堡仍然冒著可惡的黑煙，進入城市首先看見的就是這些碉堡。當古巴人民重新回到這個曾經繁華的城市，他們做的第一件事就是一把火將這些碉堡全部燒光。
我們在河岸列隊等候赫瓦希奧和洛佩茲，他們和守衛交談後，我們繼續前行。在河流的中游，我們停下來讓馬飲水，大家也養精蓄銳，準備一鼓作氣走完最後一段路，很快我們就會見到掌握古巴胡卡羅－莫隆鐵路線東邊戰爭成敗的加西亞將軍。

終於見到了加西亞將軍

我引用當天報紙的說法：「古巴將軍說，羅文中尉的到來大大鼓舞了整個古巴軍隊的士氣。」
幾分鐘後，我就站在了加西亞將軍的面前。
這段漫長、艱辛、險象環生的旅程，這段隨時可能失敗、隨時可能死亡的旅程，終於結束了。
我成功了！

我們來到加西亞將軍的指揮部前，古巴國旗飄揚在門前斜插的旗杆上。在這樣的環境下，用這種方式和指定的人見面，對我來說是第一次。

我們同時下馬，並立在馬旁，列隊等候將軍。將軍認識赫瓦希奧，因此他獲准先進去。他進去後沒多久便帶出來了加西亞將軍，將軍熱情地歡迎我們，邀請我和我的助手一同入內。將軍向我逐一介紹他的部下——這些人都穿著潔白的軍裝，腰上佩帶著武器——將軍又向我解釋剛才耽擱的原因，因為他需要仔細檢查赫瓦希奧帶來的能夠證明我身分的文件，這份文件是由駐牙買加的古巴革命黨簽發的。

安德魯．薩默斯．羅文中尉與加西亞將軍，在古巴巴亞莫合影。

幽默無處不在。起義軍簽發的文件中稱我是「密使」，可是翻譯人員把我說成了「騙子」。因為英文中的「密使」為「a man of confidence」，「騙子」則是「a confidence man」，雖然兩個詞的搭配僅僅是順序不同，但意思完全不一樣。

吃完早餐，我們開始談正事。我向加西亞將軍解釋，儘管我離開美國的時候帶了外交憑證，但這次使命完全是軍事性質。總統以及國防部都急切希望獲得關於古巴東部戰局的最新消息。（曾經有兩位軍官被派往古巴的中部和西部調查這些情況，但他們都沒有完成任務。）美國需要瞭解的訊息包括：西班牙部隊所占據的陣地；西班牙軍隊的狀態和兵力；軍官的性格特點，尤其是高級指揮官的特點；西班牙軍隊的士氣；各個地區和整個國家的地形；通訊狀況，尤其是路況。總而言之，美國需要能夠說明總參謀部制定戰役計畫的一切情報。最後，還有一個非常重要的情況，加西亞將軍對作戰計畫的意見是什麼，美國、古巴雙方軍隊是聯合行動，還是獨立作戰？我告訴加西亞將軍，如果他願意提供那些他認為適合的關於古巴軍隊的情報，美國政府會由衷地高興。假如他認為我能夠擔此重任，同時也不會影響他的作戰計畫，那麼我願意和古巴軍隊並肩作戰，自己去搜集這些情報。

加西亞將軍面授口信

加西亞將軍思索了一番，接著和他所有的部下一起離開了，留下他的兒子加西亞上校陪我。大約三點鐘，將軍回來了，他決定派三名軍官陪我一同返美。這三名軍官都是土生土長的古巴人，訓練有素、久經考驗，而且他們都熟知自己的國家，用他們的特殊才能，足以讓我們瞭解一切想知道的問題。而我就算在這裡待上數月，也無法做出非常詳細的報告，另外，時間非常寶貴，如果美國政府能夠越早獲得所需的情報，對於雙方備戰就越有利。

將軍進一步說明，他的士兵迫切需要武器，尤其是能攻克碉堡的大炮。另外，軍火彈藥短缺，由於大量來福槍口徑不一，給補給彈藥造成了很大的困難，解決之道就是統一使用美式來福槍。

和我一同返程的人是著名的指揮官柯利亞索將軍、坎爾南德斯上校和別塔醫生，這位醫生對島上和熱帶地區的各種疾病都瞭若指掌，很受人尊敬。另外，還有兩名非常瞭解北部海岸的水手。如果美國決定給將軍提供所需的物資裝備，這些人就會在返回的途中發揮重要的作用。

最後將軍詢問我是否可以馬上出發，是否還有別的要求。
那天我還能繼續往下問嗎？
我還能問更多問題嗎？
我還能再問一些問題嗎？
連續九天我都在複雜多變的地形中疲於奔命，本想好好看看這裡奇特的環境。不過我仍然用簡單的話語回答了將軍，我迅速地說：「是的，先生！」
為什麼不呢？加西亞將軍對形勢做出了敏銳的判斷，他的迅速決定使我不必長達數月白做工，使我國能夠很快獲得情報。這些關於海島現狀的情報就和古巴人自己所掌握的一樣精確詳細，跟敵人掌握的情況不相上下。現在我已別無所求。
接下來的兩小時，他們為我準備了一次非正式的晚宴。最後的晚宴安排在五點，晚宴結束後，有人告訴我，隨行人員已在門外等候。我走到街上，發現隊伍裡沒有原來的嚮導和同伴，不禁有些驚訝。我要求見赫瓦希奧，於是他和那些來自牙買加的隊友一起走出來。原來，赫瓦希奧曾向將軍表示，希望與我同行，但被將軍拒絕了。我回國要走北邊，而赫瓦希奧還要參加南方海岸的戰爭。我向將軍表達了對赫瓦希奧和他的船員，以及從馬埃斯特拉山要塞徵調而來的那些人的感激之情。一個道地的拉丁式擁抱後，我轉身上馬離開。當我們向北方疾馳而去時，身後響起了三聲道別的歡呼。

我終於把信送給了加西亞將軍！

使命必達

這個送信的過程雖然充滿危險，然而和意義更重大的返美之旅比起來，只不過是如一場輕鬆漫步般穿越了一個美麗的國家而已。但是雙方已經宣戰，戰爭中的西班牙軍隊處於極度戒備的狀態：他們的士兵在海岸上到處巡邏，每個海灣和港口都有他們的船艦在把守，堡壘上聳立著大炮，似乎隨時準備向一切違反交戰原則的人發起進攻。不管從哪個方面來看，我都是深入敵人後方的間諜！如果我不幸被捕，唯一的結果就是被拉到牆邊槍斃。

我還差點忘了，海上的風浪也很危險。而且不久之後發生的事情就讓我明白——成功的道路不會永遠一帆風順。

但是我們必須努力，一定要成功，否則之前所有的努力都白費了。若想取得戰爭的最後勝利，我能否圓滿完成任務至關重要。

我的同伴和我一樣提心吊膽，一路上我們小心翼翼地穿越古巴，向北前進，繞過了駐紮在考托河內河碼頭的營盤，那裡是考托河海上交通的要塞，至少，河面上有很多調度炮艇在通行。最後我們來到水瓶形狀的馬納蒂海港，港口對面是大炮林立的軍事要塞，它死死地守護著進出港的門戶。

要是西班牙士兵發現我們的蹤跡，我們就死定了！也許，正是我們的大膽行事拯救了自己，誰能想到一個肩負重任的敵人會選擇最危險的地點乘船出海？

槍口下的冒險

我們搭乘的小船容積只有一〇四立方英尺。我們勉強用粗麻袋拼接出了一面船帆，可食用的東西只有水和煮牛肉。我們乘著這條船向正北航行了一五〇海里，最後到達拿索島的新普羅維登斯。請大家想像一下，乘坐這樣的一艘船，又在敵人控制的海域裡行駛，隨時都可能遇見西班牙火力強勁的巡邏艦，這種場面是多麼的驚心動魄！

俗話說：「魔鬼在後面追，只能向前衝。」在嚴峻形勢的逼迫下，我們已經完全沒有退路，唯一能做的只有盡力向前。

我們馬上發現：小船明顯容不下六個人。於是別塔醫生和護衛騎著馬返回巴亞莫，剩下的五個人繼續在敵人的槍口下冒險，運用自己的智慧和敵人的炮艇周旋，儘管我們擁有的僅僅是用麻袋做帆的一葉扁舟。

正當我們決定出發時，突如其來的暴風雨降臨了。此時的海面波濤洶湧，輕舉妄動會帶來什麼結果可想而知，可是原地等待同樣危機四伏，而且當時正是滿月，如果暴風將雲層吹散，明亮的月光會讓我們無所遁形。

很幸運，命運之神仍然眷顧我們。

海上求生

晚上十一點鐘的時候，我們上船出發了。小船雖然承載了五個人，但運行十分良好，一人掌舵，其餘四人划槳。烏雲不時飄過來遮住月亮，一會兒掩護著我們的行動，一會兒又把我們暴露出來。經過碉堡時我們根本看不見堡壘，就這樣過去了，也許，這也是我們沒被發現的原因，因為敵人同樣看不見我們。

不難想像堡壘上黑黝黝的炮口隨時準備向我們開火的畫面。我們拚命往前划，同時擔心敵人隨時會射出的大炮聲和颼颼的槍聲。風浪中的小船像雞蛋殼一樣在海裡搖搖晃晃，搖擺不定，好幾次險些被海水傾覆。不過，兩位水手對這條路很熟悉，而且麻袋風帆也經受住了考驗。很快我們就像在「穿越荒無人煙的草原一樣」進入了寬闊的外海。

小船在海面上單調地起伏，再加上體力嚴重透支，我覺得極度疲憊，居然直挺挺地坐著睡著了。

不過我沒有睡太久。一個巨浪打過來，小船幾乎被掀翻，船艙被水淹沒了，再也沒有閒置時間讓人睡覺。接連不斷地舀水、舀水，就這樣，一整夜又過去了。

天亮時，所有人都筋疲力盡，身上也溼透了。當太陽穿透薄霧出現在地平線上時，大家一看到陽光就無比欣喜。

「各位先生！有船過來了！」（一艘蒸汽船）舵手大喊道。

每個人心裡都惴惴不安，彷彿聽到了警報，難道是西班牙的巡邏艦？現在我們只能祈求上帝了。

「兩艘，三艘。見鬼！十二艘船！」舵手又喊起來，其他人也紛紛叫嚷著。難道過來了一支西班牙艦隊？

上帝保佑！我們都鬆了口氣，原來是準備進攻波多黎各首都聖胡安的桑普森海軍上將，他正率領著美國艦隊向東航行。

整個白天，我們都頂著烈日不斷地將船裡的水舀出去。雖然身邊出現了美國艦隊，但西班牙的炮艇仍有可能躲開它們追上來，將我們一網打盡，因此我們不敢放鬆警惕，也沒有人敢睡覺。

夜幕又降臨了，極度虛弱的五個人已經無力支撐，但仍然不能休息。入夜後又刮起了大風，隨之而來的是滔天巨浪。我們只能不停地舀水、舀水，避免小船沉沒。

被抓獲釋後，回到華盛頓覆命

一直到第二天，五月七日上午十點左右，我們看到位於巴哈馬群島的安德羅斯島南端的科利群島的那一刻，大家才算鬆了口氣，可以上岸稍作休息。

下午我們遇見了一艘縱帆式帆船。船上的十三名黑人水手說著一種稀奇古怪的語言，我們一點也不懂。好在雙方可以比手劃腳交流，於是我們登上了他們的船。船上除了帶著一窩食用豬之外，還有一架手風琴。疲憊不堪的我只想好好休息，可是刺耳的琴聲總在耳邊迴響。今生今世我都不想再聽見手風琴的聲音了。

我們在第二天下午到達新普羅維登斯島的東端，當地的檢疫官以所謂的「古巴流行黃熱病」為由，把我們抓起來囚禁在霍格島。

我在被關押的第二天託人帶話給當地美國總領事麥克萊恩先生，在他的安排下，我們終於在五月十日獲釋，五月十一日登上了「無畏號」帆船。

當我們抵達佛羅里達群島時，風突然停了，實在是倒楣透頂。五月十二日一整天被困在原地無法前進，不過夜晚總算有了一絲微風。我們於十三日凌晨到達基韋斯特，當天晚上就搭乘火車去坦帕，然後在那裡轉車前往華盛頓。

我們總算按照預定的時間趕到華盛頓。接著我一五一十地向國防部長拉塞爾・A・阿爾傑做了報告。他聽完所有的陳述後，便讓我和加西亞將軍的幾個助手去見邁爾斯將軍。邁爾斯將軍收到報告後，立刻寫信給國防部長，他在信中寫道：「美國第十九步兵團的安德魯・S・羅文中尉圓滿完成了古巴之行，並透過當地起義軍，以及首領加西亞中將的協助，為美國政府帶回了極其重要的軍事情報。我認為，在這次非常危險的任務中，羅文中尉體現出的沉著勇敢，在所有的戰爭史上都非常罕見，甚少有人能與之媲美，因此我推薦安德魯・羅文中尉晉升上校。」

回國後的第二天，我和邁爾斯將軍共同出席了內閣會議。麥金利總統在會議結束後向我表示祝賀，對這次任務讚譽有加，並感謝我向加西亞將軍轉達了他的意願。

他對我說的最後一句話是：「你表現得非常勇敢！」我的腦海中生平第一次出現這個念頭：服從命令是軍人的天職，軍人在接受任務時不應該問「為什麼」，不過這一次，我盡到的責任不僅僅是一個士兵的天職。

我把信送給了加西亞將軍。

第 四 部 分

把信送給加西亞的十個法則

作家榜編譯

1 照亮世界的熱情法則

一九四六年夏天，美國曼哈頓市德弗萊飯店的一名服務生米娜，接待了一位名叫德林的客人。

德林先生走進飯店時，米娜正好站在櫃臺。她看見德林先生提著一個巨大的箱子，有些吃力，米娜趕緊迎上前向他問好，並順手接過箱子放在推車上。

德林先生表情嚴肅，西裝革履，一塵不染，一看就知道他不苟言笑，有著刻板的生活習慣和嚴格的要求。米娜對這位客人產生了好奇，不知為什麼，德林先生的嚴謹反而讓她覺得很有趣，她臉上展現出一個大大的笑容，好像看見了父親的老友那樣高興地跟他說：

「您好！德林先生，歡迎您光臨我們飯店，您預定的房間已經按照吩咐安排好了。您看起來有些疲憊，房間裡有熱水，您最好先洗個澡，放鬆一下。我叫米娜，如果您需要什麼，請隨時打這個電話。」說著，米娜將一張名片插進了德林先生的上衣口袋。

沒想到這個愉快而略顯親暱的小動作，使德林先生的表情緩和下來，一個難得的笑容出現在他的臉上。這是人之常情，因為在他到來之前，就有人開始關心他、瞭解他的要求，並加以安排，換作別人，也會不由自主地感到高興。德林先生還注意到一個小細節，這位叫米娜的服務生並沒有像別的服務生那樣，當著他的面查看客服紀錄而讓他站在一旁等候。他的所有要求，很顯然，米娜小姐早就瞭然於心。而且，她還很聰明地猜出了他的名字。做到這一點並不難，但又有幾個人願意花時間，用心關心自己的顧客，就像對待一個老朋友那樣呢？

德林先生這次旅行碰到了一些不順心的事，但就在他走進德弗萊飯店，看到熱情而充滿活力的服務生米娜時，他陰鬱的心情好了起來。不用說，飯店的其他準備也一定會讓他滿意。像他這樣謹慎而一向要求完美的人，這時也放鬆下來，輕鬆坦然地走進了自己的房間。

米娜，就是那個臉上充滿笑意的女孩子，在安靜、絕不多說一句話、多做一個動作的她的同行中，顯得非常突出。她就像一道熱情的光芒，在任何時候，當她出現時，那道活躍的光芒就出現了。德林先生不難發現，其他客人、其他和她一同服務的工作人員，也都被這道光照亮了。

的確不出德林先生所料，住在德弗萊飯店的這三天裡，他沒有發現一件讓他不愉快的事。服務生米娜總是滿懷熱情，永遠像第一次見到他那樣，充滿欣喜地聽他說話，而她的聲音也一直充溢著愉快之情。她的態度在向你表明：你是非常受歡迎的顧客，她絕不會放過任何可以為你服務的機會，而且，她非常喜歡做你吩咐的任何事情。

就在德林先生準備離開飯店的當天晚上，發生了一件讓他尷尬的事。

事情是這樣的，德林先生晚餐後有小飲一杯咖啡的習慣，他喜歡在一些有特色的咖啡廳安靜地坐半小時，聆聽輕柔的音樂，在舒服的靠背椅上小憩片刻。但不知怎的，雜誌上的一條新聞吸引了他，拿咖啡時，他不小心撞翻了杯子，咖啡全部濺在他的褲子上。最要命的是，當時他穿著淺色的褲子，而咖啡將他膝蓋以下的褲腿染成了黑色！

德林先生有些狼狽地回到了飯店，他想自己清理乾淨那條褲子，但由於他從沒做過這方面的工作，情況反而變得更糟糕。對於追求完美的德林先生來說，換一條跟上衣完全不搭配的褲子，讓他無法忍受。他也打電話到飯店的洗衣房，但發現飯店沒有房客專用的洗衣房，而且清洗衣服的員工已經下班！無奈之下，德林先生打通了米娜小姐的值班電話，簡單告訴了她事情的經過，「還有什麼辦法能將它清理好呢？」德林先生試探著問。

從電話裡傳來了充滿同情和理解的聲音，米娜說，她願意拿回家，自己幫德林先生清洗好，並在第二天一大早就送回來。

果然，在第二天清晨，德林先生看見了那條洗得乾乾淨淨並且熨燙得十分平整的褲子！

米娜在德林先生的臉上看到了一個極為滿意的笑容，她在心裡說，原來德林先生也是可以笑容滿面的。她終於實現了自己下定決心要做到的事情，一定要讓德林先生帶著笑容離開德弗萊飯店。

……

德弗萊飯店任命了年紀輕輕而長相平庸的米娜做總經理。而德林先生，原來就是設在紐約的德弗萊飯店總部的首席執行長：麥考菲弛·德庫林先生。正是這位先生，最先提出了「人性化服務」這一全新的服務理念。德庫林先生認為，真正的舒適不僅來自先進的設備，更來自服務者本人——來自她（或他）對服務工作的熱情，而這種工作熱情是使一切豪華和精美顯出溫情與舒適的核心。永遠要記住：用你的熱情去照亮別人。

2 永無止境的勤奮法則

已經不再年輕的尤爾加有一個夢想，希望創建一個完全屬於自己的大型鉛管企業——尤爾加鉛管廠。

尤爾加當時在美國底特律一家鉛管廠工作。他工作努力，累積了熟練的技術，但因為缺乏資金，所以很多年過去了，仍然無法實現自己的夢想。

看著時間就這樣一年一年地流逝，尤爾加決定暫時忘記自己的夢想，換個環境，看看自己的生活是否會有新的起色。

就這樣，他帶著老婆、孩子搬到了紐奧爾良。依照他的經濟能力，他們一家只能租最便宜的房子，平時的日常開銷也要盡量節省。未來的一切都還未知，尤爾加是否能在紐奧爾良站穩腳跟呢？

安頓好家後，尤爾加開始找工作。第一天，他走訪了七、八家鉛管公司，但所有人都告訴他，他們無法雇用他、他們的人手已經夠用。

看來，他無法在自己熟悉的領域找一份工作了。尤爾加只好放棄了繼續做一名鉛管匠的打算。

第二天，尤爾加搭上了公車，從紐奧爾良最繁華的街上經過。他注意到沿途有幾家速食店在櫥窗的玻璃上貼著徵人啟事，於是，他記下了每一個店名。

當公車走完這條街時，他下了車，去那幾家店詢問徵人事宜。他走了四家店，沒有一家願意雇用他。這時天色已晚，還剩下最後一間速食店，尤爾加想再碰碰運氣。

尤爾加見到餐廳經理，經理告訴他，這個工作報酬很低。尤爾加表示他不在乎報酬多少。經理又告訴尤爾加，近期為了提高營業額，星期六、星期天都得工作。尤爾加極為誠懇地保證，自己一定勤奮工作，提供一流的服務。

終於找到了一份工作，雖然遠離理想、遠離自己的專業，但尤爾加認為自己應當珍惜這個工作機會。

尤爾加工作極為努力，結識了很多顧客，盡全力改善自己的服務品質。就像他說的那樣，他的確提供了一流的服務。結果他工作了不到兩個月就升任了夜間經理，工資提高了一倍。尤爾加發現，自己越是做得多、做得周到，效果就會越好。他對自己充滿了信心。

九個月過去了，連鎖店的老闆要在自己的辦公室接見尤爾加。尤爾加只見過他兩次。他擁有三十家同樣的速食店，平時很忙。尤爾加這時才知道，原來他在房地產方面也很成功。老闆告訴尤爾加，他準備讓他去城北的一家飯店當副理。

尤爾加愣住了，他告訴老闆說，他以前只是個鉛管匠，從來沒有參與過飯店的管理，他無法勝任這個職務。

老闆笑了，他對尤爾加說：「我看過你在速食店的工作紀錄，在你工作的這段時間，銷售利潤增加了百分之八十，這是一個了不起的成績！其實管理速食店和管理飯店的道理一樣，善於幫助別人、推動計畫的實施以及有效的管理，這些最基本的素質你都已經具備，我相信你一定能使飯店保持客滿、按時收取房租，及時維護各項設備。你不會讓我失望的！」

尤爾加接受了安排——新工作的工資是他在速食店時的五倍，另外還有一間漂亮的房子。

尤爾加把他在速食店中累積的經驗用在新的工作中。他依舊勤奮努力，廣結客源，並提供一流的服務。這樣工作了不久時間之後，他就被升為飯店的總經理。

三年過去了，尤爾加已經累積了足夠的資金，完全夠他創辦一家屬於自己的鉛管企業了——尤爾加這樣做了，他成立了尤爾加鉛管公司。而他在飯店累積的管理經驗，為他管理公司提供了幫助。

尤爾加終於實現了自己的夢想！他剛到紐奧爾良在速食店工作時，覺得自己已經遠離了夢想。他埋頭工作，努力和顧客建立關係，在一個完全陌生的領域發展自己的新能力，也為自己迎來一次又一次機會。在他似乎已經忘卻最初的夢想時，他卻已經累積了他夢寐以求的創業資金、具備了獨立開創事業的所有必要條件。對尤爾加來說，他無疑創造了奇蹟！

天道酬勤，這句話的意思是，上天會幫助那些勤奮工作、無論遭遇什麼都不會放棄從工作中尋找滿足的人。這樣的人，上天總會製造各種各樣的機會幫助他，在他所不知道的一天，讓他與自己的夢想不期而遇！

尤爾加似乎在一段時間裡放棄了自己的夢想，但事實上，他卻在用另一種方式為自己累積到達成功的財富。一個人的事業，從哪裡開始並不重要，重要的是，你是否在積極為自己創造新的發展空間；是否在這個過程中，為自己累積各種各樣的成功因素；是否在最微小的事情上，也能淋漓盡致地發揮自己的才華，並竭盡全力。而最終，一個勤奮的人會在自己內心意願的指引下，順利到達自己想去的地方。

3 高效能溝通法則

特蕾莎是美國加州一家保險公司客戶服務部的基層業務員。有一天，她聽到和自己同辦公室的名叫里奇的業務員與客戶的一段對話後，不禁皺起了眉頭。

特蕾莎雖然無法聽到客戶的聲音，但里奇的回答很顯然使客戶感到憤怒。里奇的回答是這樣的：

「桑布恩先生，你的要求我無法做到，這件事你得親自跑一趟。」

「我們客服部只負責收集客戶資訊、回答客戶疑問，我們沒有理由專門為此事跑一趟，你的要求不在我的服務範圍內。」

「負責你業務的人請了病假，你只好等他回來再說了……」

顯然不等里奇講完話，桑布恩先生已經氣急敗壞地掛了電話。

里奇是新來的職員，特蕾莎看看里奇，話到嘴邊又嚥了回去。她查到了桑布恩先生的資料，發現他的保險即將到期，也許是桑布恩先生太忙的緣故，而負責他業務的人又不在，他無法親自辦理。

第二天，特蕾莎給桑布恩先生打了電話，商議續保的事。

顯然桑布恩先生還在為昨天的遭遇生氣，所以一聽到是保險公司的電話，就大聲說：

「我絕不會跟你們公司合作了！」

「發生了什麼事？」特蕾莎裝作不知道的樣子。

「難道客戶檔案裡沒有記錄下來嗎？我在你們公司遇到的事真是太糟糕、太不可思議了！我對你們的服務很不滿！」

「非常抱歉，桑布恩先生，我不知道您遇到了什麼事，您能將事情的原委告訴我嗎？」

桑布恩先生激動地講述了讓他感到憤怒的事情的經過。特蕾莎再次誠懇地向桑布恩先生道歉，並說：「桑布恩先生，無論您曾經多麼不愉快，但我向您保證，以後再也不會讓您失望了。如果您需要，我願意親自負責您的保險業務，並隨時登門服務。」

桑布恩先生的火氣漸漸平息，他猶豫了片刻，和特蕾莎約定了時間，答應續保。

桑布恩先生後來發現，特蕾莎果然沒有讓他失望。特蕾莎沒有向主管報告整個事情的經過，她做了一件超出自己業務範圍的工作。她不僅消除了客戶的憤怒和沮喪，也挽救了里奇的失誤，當然，最大的好處是替公司留住了一個客戶。

而在以後的三年裡，桑布恩的業務一直由特蕾莎負責，真像特蕾莎說的那樣，她沒有讓他失望，而且他們成了好朋友。

特蕾莎想不到的是，桑布恩先生是職業演說家，特蕾莎的故事成了他的演說內容，有很多人開始熟悉特蕾莎的名字，並以她為榜樣。

特蕾莎所在的保險公司還設立了「特蕾莎獎」，鼓勵那些像特蕾莎一樣工作的、能顧全大局的員工。

在桑布恩先生看來，特蕾莎具備了作為團隊一員的優秀品格——她是善於合作的員工，她提供了里奇無法提供的服務、平息了客戶的不滿，並在看來困難的局面裡扭轉了事態的發展。這對一個大集團來說，非常重要。

相互合作的前提是團結。作為一個團隊成員，做好自己的分內工作是團隊意識的第一步，還要學習如何群體合作。

每個人都是獨立工作的，但很多人凝聚在一起、他們的通力合作，才能在一個團隊中發揮最積極的影響。世人時常很難看清團隊的存在，其實，在每一個小團體中，每個人的工作都只是團隊工作的一部分。每個人盡責完成自己的工作，是一個團隊生存的前提。而作為團隊中的一員，僅僅完成自己的工作還不夠，還需要具備一種整體意識，將團隊中其他成員的工作看作是自己工作的一部分，在出現特殊情況時，要勇於擔當責任，一馬當先，站出來彌補失誤，盡量減少團隊的損失——幫助你的同事、也就是幫助你所在團隊，就是幫助你自己。

積極的態度會互相傳染，你的努力會帶動你周圍的人，並形成一種工作氛圍。不僅是你，所有的團隊成員都需要時刻感受到只有在團隊中才能產生的團結而積極的工作氣氛，在疲憊時得到鼓舞，在懈怠時得到提攜，並發掘自己最可貴的創造力。

當一種團結互助的氛圍在團隊中形成，創造奇蹟的力量也就隨之誕生了。團隊中的每個人，將不再計較個人的利害得失，而將團隊的利益放在第一位；不再計較個人的榮譽，而將團隊的榮譽放在第一位。當他或她這樣努力時、當這樣的團隊誕生時，它的力量一定會讓它的競爭對手感到恐慌，因為，它的力量是堅不可摧的，它必然會擊潰任何一個競爭者。

這樣的團隊，必將為自己和它的每一個成員帶來最廣闊的發展機會和空間。

這就是「特蕾莎獎」誕生的原因——每個團隊都急需這樣的人才，能積極帶動周圍人努力追求團隊成功。

4 卓越的執行力法則

邁克威爾和史密斯同在一個辦公室工作，所不同的是，邁克威爾是速記員，而史密斯是書記。史密斯比邁克威爾年長，也比邁克威爾工作年資久——史密斯在阿倫特加工廠已經做了三年，而邁克威爾則剛剛工作了三個月。邁克威爾聽命於史密斯，因為，他只不過是一個小小的速記員。

速記員邁克威爾每天都有一堆工作要做，其中大部分其實都是史密斯的。懶惰的史密斯經常將自己的工作推給邁克威爾，自己則在一旁悠閒地指指點點，還不時吩咐邁克威爾：

「邁克威爾，把這個報表再抄一遍，字跡一定要工整，這樣老闆才能一眼就看清楚。」

「這份文件馬上就要，先停下手邊的工作，把修改的部分整理出來！快點，邁克威爾！」

「找找昨天那份廠區分布圖，照著我做出的樣子，把其餘的部分趕出來。」

邁克威爾所做的已經超出了自己的工作範圍，他完全有理由拒絕史密斯加進的額外任務，但他沒有這麼做，而是聽從史密斯的吩咐，將每一個需要完成的工作，盡量完美地做出來。

有一天，史密斯又交給邁克威爾一個任務：編一本密碼電報書，他們的老闆阿倫特先生即將前往歐洲，這個東西他要隨身攜帶。

邁克威爾立即著手進行這項任務。他沒有像一般人那樣只是將密碼電報隨意抄寫在幾張小紙片上，做完了事，而是將它編成一本小書。他用打字機仔細列印出來，又細心校對了好幾遍，確認沒有任何錯誤後，再帶回家，用膠將這本小書裝訂得整整齊齊，最後加上一個硬卡紙殼作為包裝。做完後，他拿著這本小書端詳片刻，覺得非常滿意後，第二天把它交給了書記史密斯先生。

史密斯將這本密碼書轉交給了阿倫特先生。

阿倫特先生看看手裡的電報書，又看看面前的史密斯，問：

「我猜，這不是你做的吧？」

「我……」書記史密斯的聲音有些發抖。

「不……是……阿倫特先生。」

「那是誰做的？」

「是我手下的速記員邁克威爾做的。」

「請他到我辦公室來！」

邁克威爾站在阿倫特先生面前，阿倫特先生問：

「年輕人，你是怎麼想的，要把這麼普通的密碼本做成這樣？」

「我覺得這樣的話，您用起來可能比較方便。」

「你什麼時候做的？」

「昨天晚上，我在家裡做完的。」

「太好了，我非常喜歡它！」

過了幾天，阿倫特先生從歐洲回來了，他讓邁克威爾坐在靠近他辦公室的一張寫字臺前，直接聽命於他。又過了一段時間，阿倫特先生辭退了書記史密斯，而讓邁克威爾坐在史密斯的位子上。

由於邁克威爾經常替史密斯做事，所以他熟悉書記的工作，而且邁克威爾總是毫無怨言地做超出他工作範圍的事情，他創造了更多的價值，因而他的工作深得阿倫特先生的賞識。很快，他就成了阿倫特信任和可以交付重任的助手。

在兩年的時間裡，勤奮的邁克威爾學習加工廠的各種知識，並努力在實際工作中鍛鍊自己。他從來不計較自己的報酬、是否要加工資，他像做速記員時一樣，毫無怨言，力求將老闆交給自己的任務做完美——當阿倫特先生成立另一個製造廠時，他把阿倫特加工廠完全交給邁克威爾來管理，他這樣信任和讚賞他，以至於邁克威爾擁有了這個加工廠的一半股份。

邁克威爾的事業是從他做速記員工作時開始的。

作為一個積極向上的年輕人，邁克威爾一定像其他人一樣渴望機會、渴望被重用。但他沒有讓自己停留在想像中，而輕視自己的工作。當額外的工作因為別人的偷懶而強加於他時，他也沒有滿腹牢騷、怨聲載道，而是愉快地接受它，對它充滿了興趣與熱忱——假如缺少必要的興趣和熱忱，他就不會那樣精心製作那本小小的密碼書，也不會那樣仔細校對其中的每一項內容。任何努力都是值得的，他的老闆從如此細微的一件小事上，看到了邁克威爾的可造之處，他也從這件小事真正起步，踏上了光明之途。

邁克威爾常說的一句話是：工作就是機會——不斷工作、不斷創造更多價值，在做額外工作時，也要心懷熱忱，發現你的興趣所在——這就是邁克威爾很早就從工作中得到的最實用也最有效的啟發。

5 恪盡職守的責任心法則

美國丹佛的華盛頓公園裡有一個綠樹成蔭的小社區，著名演講大師馬克・桑布恩是最新搬來這裡的住戶，他剛搬入新居幾天，就有人前來造訪，他開門一看，外面站著一位其貌不揚的郵差。「早安！桑布恩先生，我的名字叫佛雷德，是這裡的郵差，我過來看看您，並向您表示歡迎。介紹我自己的同時，我也希望對您有所瞭解，比如您所從事的職業。」

這位名叫佛雷德的郵差在自我介紹後與桑布恩攀談了起來。他的真誠與熱情溢於言表。

在瞭解了桑布恩因工作的緣故，需要長期出門旅行後，佛雷德告訴他，他希望得到一份桑布恩旅行的日程表，以便他不在家時替他暫為保管信件，否則竊賊有可能會從堆滿信件的郵箱裡判斷出屋主不在家。

當桑布恩對佛雷德的好意表示感謝後，佛雷德又為他出了一個主意，他說：

「還是這樣吧，只要郵箱還能塞得上，我就把信放到裡面，別人就看不出你是否在家。而塞不進郵箱的信件，我將它擱放在房門與屋柵門之內，這樣，從外面就很難看見。如果那裡也放滿了，我就把其他的信都留著，等您回來時再送給您。」

這麼優質的服務讓桑布恩先生內心充滿暖意也感到吃驚。老實說，他收了一輩子的郵件，還沒見過這樣的郵差。

更讓桑布恩吃驚的事還在後面，兩週後，桑布恩出差歸來，他發現自己門口的擦鞋墊不見了，轉頭一看，發現它已被挪到了門廊的角落裡，下面還疊著一個東西，他湊過去，發現是一件包裹並附有佛雷德寫的留言條。

據留言條上解釋，美國聯合遞送公司將桑布恩的包裹誤投到了本社區另一家的郵箱裡去了，佛雷德發現後將它取了回來，為了避人耳目，就用擦鞋墊把它遮放在了門廊裡。

這件事使桑布恩異常震驚和感動，作為一個對服務業深刻瞭解的演說家，桑布恩常常發現的是服務業上存在的問題，而佛雷德則是一個罕見而驚人的反例。

不只如此，在接下來長達十年的時間中，桑布恩一直受惠於佛雷德的優質服務。

桑布恩不清楚佛雷德的這種動力來自何處，因為額外的工作並沒有給佛雷德帶來更多薪水，他也沒有因此得到郵政部門的提拔與獎勵，這讓桑布恩既感激又迷惑。他將佛雷德的故事作為演講素材，告訴了聽眾。

耶誕節到了，桑布恩出於感激，在郵箱裡給佛雷德放了份小小的禮物。第二天，桑布恩先生就收到了佛雷德的回信。回信的內容大致如下：親愛的桑布恩先生，感謝您的聖誕禮物，知道您在一些演講場合提到我，這讓我受寵若驚，我希望自己能一直給您提供優質的服務。

十年來，桑布恩演講時，一旦有恰當的機會，都會將佛雷德的故事告訴他的聽眾。因此，佛雷德受到了成千上萬人的關注。許多公司還因此設立了「佛雷德獎」，以鼓勵那些在服務、創新、盡責上具有卓越精神的員工。時至今日，佛雷德已成了兩億美國人家喻戶曉的人物。

世人關注的當然不是佛雷德所做的這點微不足道的小事，而是佛雷德的工作方式。確實，它應該成為所有時代敬業者的象徵！偉大的人權領袖馬丁・路德・金恩說過：即使一個清潔工，如果他像米開朗基羅繪畫、像貝多芬譜曲、像莎士比亞寫稿那樣來清掃街區，那麼他的工作就應受到天空和大地的讚美，因為他是偉大的清潔工，他的工作無與倫比。

在生活中，沒有任何工作是卑微的，只要做這項工作的人夠敬業，它就會不同凡響、就會充滿意義。

6 精益求精的態度法則

洛克菲勒年少時，他得到的生平第一份工作，是在烈日下幫人鋤馬鈴薯，他的酬勞是每小時四美分。他還幫自己的母親養過火雞，也幹過農場的苦工。那時，他每天的工資是三角七分。

在他進美孚石油公司，開創自己龐大的石油帝國之前，一位他愛著的女孩拒絕了他的求婚，原因是，女孩的母親斷定他這一生不會有什麼出息，因為他太窮了。而且，他沒能繼續學業，中學畢業後，他只讀過幾個月的商業學校。洛克菲勒從十六歲起就不再接受教育，他得自謀生路。

他嘗試過很多職業，後來不知怎的，進入了石油公司工作。他的工作是石油公司最簡單的崗位，每天被分派巡視看看石油罐蓋有沒有自動焊接好。沒辦法，他實在是沒有任何技能。

他每天都要盯著焊接劑自動滴下，環繞油罐蓋子一圈後，油罐被自動輸送帶帶走。

這個工作太簡單了，對於年輕的洛克菲勒來說，簡直枯燥至極！在他做了不滿十天後，他就申請調往別的部門，因為他實在厭惡自己的這個崗位。

他的申請被駁回了，理由很簡單，他沒有技能可以勝任別的職位。年輕的洛克菲勒非常失望，他想盡快改變自己處境的計畫被耽擱了。不過，他很快使自己平靜下來。在此之前，他做過各種極為平凡而微不足道的工作，這種最初的磨練使他有良好的心態：那就是做自己該做的事，並將注意力集中在當前的工作上，放棄所有超過自己能力的期望與幻想，從最簡單的工作做起。畢竟，這對他來說也是一次難得的機會。所以，他對自己說，既然不能換別的工作，那就把這個工作做好吧！

他開始以全新的眼光觀察自己的工作，看看自己是否能在這個連三歲孩子都能勝任的工作上有所改進。即便自己不能在工作上有所改進，至少可以改變自己的態度，給自己尋找新的目標，也尋找新的工作樂趣。當時，石油公司正在推動一項節約計畫，經過仔細觀察與研究後，洛克菲勒發現，他可以在改進自動焊接機上有所作為。他仔細計算後發現，每焊好一個油罐蓋子需要的焊接劑是三十九滴，而精確運算得出的數字是：三十七滴焊接劑就可以焊好一個蓋子。但這只是一個理想狀態的數字，要做到節約兩滴焊接劑，其實並不容易。

這個發現使洛克菲勒有了工作的興趣與目標，在每天的工作時和工作結束後，一種前所未有的熱情使他無法停止研究的衝動。他學習所有與此有關的知識，反覆試驗，想盡辦法朝自己的目標邁進。

最終，他設計出了三十八滴焊接機，也就是說，他的焊接機每焊接一個石油蓋子，可以為公司節約一滴焊接劑。

可別小看這一滴焊接劑，每年它都為石油公司足足省下了五百萬美元的開銷！

對於石油公司來說，這可是一筆不小的數目。當洛克菲勒為公司創造價值的時候，他也提升了自己的價值，他的命運也隨之一步步改變了。

只是一滴小小的焊接劑而已，當洛克菲勒決定在這麼微不足道的小事上有所作為時，他並沒有想要得到主管的稱讚，他最初的想法是，這是我該做的事情，而且這個具有創造力的行為，剛好抵消了他對工作的厭惡，他一下子找到了其中的快樂——創造價值的快樂，這是這個看似低微的職業帶給他的，也是他主動找到的。

洛克菲勒發現，當他無法選擇工作的時候，他還能選擇自己的態度：是以一個愉快的態度接受，還是讓自己的感覺變得更糟糕？是選擇積極快樂，還是選擇消極痛苦？當年輕的洛克菲勒面對這些問題時，他選擇了化平庸為神奇。

其實，卓越就在洛克菲勒選擇改變自己態度的同時起步了！世人往往以為，卓越是指那些獲得了不起成就的人，而那些人往往又都是天才，具有特殊的才華和非凡的能力，這是錯誤的。卓越是一種習慣、一種態度，當你以卓越者的習慣、態度來對待工作和生活的時候，你就是卓越的人！成就的大小固然是衡量一個人是否卓越的標準，但誰又能說，那些主動改變自己，使自己平凡的工作變得充滿樂趣，不斷為自己設立新目標的人，不是卓越之士？要知道，所有的卓越者都是從最細微、最具體的工作開始，逐步建立起自己非凡的成就。他們與別人的不同在於，他們能從在別人看來枯燥無味的工作中尋覓到真正的趣味，這是任何金錢都無法取代的神奇之力！當樂趣產生時，他會不斷從中發掘新的樂趣，他覺得，他正在做自己應該做的事，他周身充滿了巨大的激情，而他滿懷激情的挖掘、研究、改良和創造，最終會讓他成為他所從事工作的專家，成為一個不可取代的人、一個卓越的人。

回顧洛克菲勒的一生，我們還能找到很多化平凡為非凡的例子，而在這所有的故事中，我們都能體會到一個最最樸素的道理，那就是：做你應該做的事情，而不是將時間浪費在無用的遐想裡，哪怕在最平凡的工作中，都蘊涵著使你成為卓越者的巨大機會。

7 以身作則法則

茱麗葉一直站在汽車展示大廳的櫃檯後面，隨時準備為前來諮詢的顧客回答問題。

時值盛夏，天氣十分炎熱，來參觀茱麗葉所在公司的汽車展的人很少，而今天又似乎是這個夏天中最熱的一天。茱麗葉想，看來，今天比昨天情況更糟——昨天她只接待了一位顧客，而這位顧客沒待五分鐘就走了。

茱麗葉將目光投向高大的展廳玻璃，現在的街道真是少有的安靜——連車輛都很少，更不要說行人了。但就在這個時候，茱麗葉卻發現在烈日下，一個步履蹣跚的老人正朝著展廳走來。茱麗葉看著這位老人費力地推開展廳那扇厚重的玻璃門。茱麗葉立刻迎面走去，她發現這位老人身上的汗衫已被汗水濡溼，從他的衣著舉止來看，他是道地的農民。她連忙攙扶著老人在櫃檯前一張豪華沙發上坐下來。

老人有些猶豫：「我們種田人的衣服不太乾淨，我擔心弄髒你們的沙發。」

茱麗葉說：「沒關係的，沙發就是給人坐的，不然又有什麼用？」

茱麗葉很快又拿來一杯冰水遞給老人：「您一定熱壞了，我能為您做點什麼嗎？」

老人有點不好意思：「不用不用，外面天氣太熱，我只是想進來吹吹冷氣，休息一會兒。」

「是啊，我聽天氣預報說，今天的最高溫度已經有三十三度了！」茱麗葉笑容滿面地說。

喝完冰水，老人又坐著休息了一會兒，因為閒著沒事，他走到了展示中心，在一排排新貨車前左瞧瞧、右看看。

「老先生，這是幾款新出的產品，性能很好，我給您介紹一下吧！」

老人慌忙搖搖頭說：「不用，你不要誤會，我哪裡有錢買車呢？再說，我們種田的人還用不上車呢。」

「您不買也沒關係，以後有機會，您還可以幫我們做做宣傳呢！」出於職業習慣，茱麗葉詳細地向老人講述了每部車子的情況。

老人仔細聽著，偶爾也會提出幾個問題，似乎對汽車一竅不通，但茱麗葉還是很有耐心地向他講解。等茱麗葉講完，老人從口袋中拿出一張皺巴巴的紙遞給了她。

茱麗葉攤開那張紙，發現那是一張訂購單。老人對她說：「這些是我要訂購的汽車的車型和數量，請你幫我安排一下。」

茱麗葉吃了一驚，那張單子上的汽車數量，是她從未經手過的——老人一次要訂購九輛貨車！

茱麗葉緊張起來，聲音都有些發顫，她說：「老先生，我們經理不在，您一次訂購這麼多車，這件事我得找到經理，請他來跟您談，另外還得安排您試車……」

老人說：「小姐，不用找你們經理了，這件事就由你安排吧。我只是個農民，不久前跟人合夥做運輸生意，需要買幾輛貨車。但我完全是個外行，我只知道，買車雖然簡單，但最讓我擔心的是車子的售後服務和維修。因此我用這種方法來試探，看看哪個公司能為我提供最好的服務——這一陣子，我拜訪了好多家汽車公司，但每個業務員看到我這一身打扮，就不理我了，有的還很不客氣地要我走開，真讓我感到難過，但也讓我看到了他們的服務態度。我想，假如我買了他們的車，他們會怎麼對待我的售後服務呢，他們不會考慮到我的需要，也不會提供讓我滿意的服務……當我到了你們公司，你明知我沒有錢買車，還那樣熱心、周到。我想，假如我買了你們的車，你們也一定不會讓我失望，一定會是這樣的！我相信你們！」

茱麗葉工作以來最大的一筆生意就這樣談成了。

茱麗葉並沒有扭捏作態地討好自己的顧客，她只是表達了自己的善良之心，很自然、很關心地照顧一個貌似普通的老人。她沒有以貌取人，也沒有因為看似不可能，就停止做自己的工作。她理解自己的工作態度代表了自己所在公司的形象，自己的一言一行都可能為公司帶來或好或壞的影響，她理所當然地選擇了前者，並履行了自己的責任，向每一個需要她幫助的人提供一流的服務，最終以一個完好的公司形象說服了小心翼翼的顧客。

因此，假如你像茱麗葉一樣，正服務於公司或企業，那麼你一定要記住一句話：你就是公司形象的代言人。

8 挑戰自我的勇氣法則

湯姆．勒林二十二歲那年大學畢業了。他很幸運，找到一份在出版社當編輯的工作。勒林對自己的工作非常滿意，因為他的專長在這個職位上正好能夠發揮。

但湯姆．勒林發現，跟他做同樣工作的人很多，如果要得到發展的機會，一定要付出更多的努力，取得更大的成績才能有所指望。

勒林努力工作，經常為修改稿子加班。但他的工作似乎並不比別人突出。比他更有才能、更有經驗、工作更努力、成績更突出的人，在這家出版社裡比比皆是。看來，湯姆．勒林要在這家出版社謀求發展，並非易事。

事實也正像勒林想得那樣，他做了三年，仍然只是一名普通編輯。有一天，社長召集全體編輯開會。會上，社長對大家說，他發現社裡的編輯已經超額，而發行部卻缺少真正有能力的人，所以他想調一名編輯去做發行。

社長問了他身邊的幾位編輯，但他們都推說自己不懂發行，無法勝任。這時，現場沉默下來。社長知道，多數人都認為自己是做編輯出身的，怎麼能降低身分去賣書呢？

這時，湯姆．勒林站了出來，說自己願意去做這個工作，「既然大家都不願去的話」。

就這樣，湯姆．勒林被調到發行部工作。這是全新的工作，對於勒林來說，他得適應與自己所學無關的新東西。以前，他埋首在沒完沒了的稿件中。現在，他要弄清楚，怎樣將出版社的書賣出去，怎樣擴大銷售網路、建立良好的銷售管道，並與各地的經銷商保持最佳合作——剛開始時，湯姆．勒林有點難以適應，因為他不得不改變自己的性格，走出去和別人洽談合作事宜，並要精通各項價格與折扣。

湯姆．勒林決定投入這個新工作，因為正是由於自己毛遂自薦，社長才任命了他，所以，他必須做出點成績來。

湯姆．勒林顯然比以前忙碌，他不僅要負責發行的各項工作，他還要求自己做市場調查，將每本書的發行以及銷售情況，繪製成圖表交給社長，為出版社的下一步計畫提供最切合實際的資料。

在發行部工作了將近三年，湯姆．勒林使發行部的工作煥然一新，他為出版社建立了很好的發行網路，同時又使發行部不多的幾個人發揮了自己最大的能力，他們團結一致，創造了前所未有的成績，使出版社的業務擴大到以前的五倍。所有人對湯姆．勒林都刮目相看。

這時，出版社正準備提拔一位工作能力很強的人擔任副社長，出版社的幾位主管都想到了湯姆．勒林。他們認為他年輕、有工作熱情，而且他的工作卓有成效。其中，社長對他的印象最為深刻——三年前，當他物色一位發行人員時，只有湯姆．勒林站出來去做這件每個人都不願做的工作。最重要的是，他不僅熟悉編輯工作，又對發行瞭若指掌。因此湯姆．勒林當然是最適合的人選了。

就這樣，湯姆．勒林順利當上了副社長，而當初和他同辦公室的編輯，都還在原來的位置上、做著相同的工作。

做別人不願意做的事，是湯姆．勒林帶來的啟示。大多數人不願做風險大、報酬少、困難多而又繁忙的工作，因此，一般人不想做的工作一定包含著諸多不利因素，一定是些吃虧的事情，這只是世人慣常的思維。那些占便宜的工作，人人都能看得到，人人也都會去爭取，這樣很多人聚集的工作，顯然競爭就會非常激烈，留給每個人的發展機會也就沒多少了。

湯姆．勒林選擇別人都不願意做的工作，看起來似乎是不智之舉，但勒林的選擇卻為自己開拓了新的發展空間。一個人只有在需要你工作的位置才能有所作為，這是勒林的觀點。做別人需要你做的工作，而不是你想做的工作。要照顧團隊的利益，而不是只注意自己的利益，這是一個想在團隊與集體中獲得發展的年輕人，首先應該具備的素質。

當勒林不計個人得失，順應工作安排時，他同時也幫助社長解決了難題，對於他的同事來說，他們也不用擔心自己被調走，這一舉三得的事情，為湯姆．勒林迎來了良好的人際關係。而當他在新的工作中做出成績時，當然會得到大家的贊同與認可。這樣，他獲得的支援遠比原來的工作多得多。

做別人不願意做的事情，並盡力做好，你就會有意想不到的收獲。

9 矢志不渝的恆心法則

能六十年始終如一，只滿足於做一種工作的人，要麼是平庸之輩、要麼是非同尋常之人——你不這樣認為嗎？

很多年前，荷蘭的一個小鎮來了一個名叫列文虎克的年輕人。他剛從鄉下來，是個農民，只讀過初中。他應聘政府的守衛工作。雖然接待他的人覺得，把這樣一個老人都能勝任的工作交給他，顯得有些可惜，但年輕人急需這份工作，於是他成了鎮政府的守衛。

列文虎克當時只有十七歲。他的工作很簡單，登記進出大門的陌生人，並抽空為整個社區安裝玻璃。

很快，鎮民發現，這個守衛真的很熱愛他的工作，雖然是如此簡單的工作，但他似乎樂在其中。

原來，列文虎克安裝玻璃時發現，除了要將玻璃裁切好，要使它鑲嵌完美，還必須將玻璃邊沿稍稍打磨。因此，每次安裝前，他都要仔細打磨一下玻璃的邊沿，以使它更加光滑、鑲嵌得更加牢靠。

沒想到，打磨玻璃使這個年輕人找到了工作的樂趣。即便在沒工作做的時候，他也會找一塊玻璃來打磨，他想將一塊普通玻璃打磨得像鏡子一樣清澈、明亮——使它成為更有用的鏡片。

他不斷嘗試各種工具和打磨方法，來使他的鏡片更加清晰，甚至能看清最微小的東西。他有的是時間和耐心。

在六十年裡，他始終做著相同的工作：看門、安裝玻璃、打磨玻璃，從來沒有停止過。

在這六十年裡，沒有人關注過這個沉默的看門人到底在想些什麼、在忙著什麼。甚至列文虎克本人，也似乎忘記了自己，沉迷在打磨鏡片的過程中，享受著常人難以體會的樂趣。

他一生中最好的時光，就在每天枯燥的工作中重複著——一般人多半會這樣想。即便在打磨的過程中，也許會有極大的樂趣，但六十年如一日地重複，任何人都難以堅持，列文虎克發現了什麼樂趣呢？

一晃六十年過去了，列文虎克已經變成了老人。他退休了，有了一份退休金，他還在打磨他的鏡片。似乎，那是他唯一的樂趣。

又過了一段時間，有人發現，一個叫列文虎克的人，出現在國家級的學術刊物上。據說，他掌握了一項連專業技師都比不上的鏡片打磨技術，使我們能透過他的鏡片看見神奇的微生物！

列文虎克從此聲名大譟，他被授予了巴黎科學院院士的頭銜，為此，女王曾親自到小鎮上拜訪他——那是只讀過初中的他從來沒想過的。

大家很快就知道，他就是那個沉默的小鎮守衛。

世人不得不重新認識列文虎克，並漸漸理解他在漫長的六十年裡所從事的工作：看門，裝玻璃，磨玻璃。在一般人眼裡，這三件事之間並沒有什麼關聯。有誰能在安裝玻璃時，多此一舉地想到要打磨它，只為了鑲嵌得更牢靠一些——全世界有數不清的玻璃工，唯獨列文虎克，熱衷於打磨玻璃，並將這項工藝當作自己畢生的事業。也沒有人會想到，在單純的打磨中，居然還存在著高深的學問、存在著一個不為人知的世界。

我們不知道，要製造一個高度清晰的鏡片，究竟要具備多大的聰明才智，但我們知道的是，列文虎克日後所獲得的成就，必然是他六十年不間斷持續的工作帶來的。我們也不清楚，列文虎克是否知道自己努力工作的價值，在最初開始打磨玻璃時，有沒有問過自己：這項工作是否能為自己帶來金錢？他是否曾經對自己的能力有過懷疑、是否為自己的工作感到自卑？但我們清楚，在長達六十年的時間裡，他埋頭苦幹，老老實實打磨每一塊鏡片，並從中體會到了快樂與自身的價值。

每個人都可以有所作為，但要有所作為，還必須具備別的素質。假如列文虎克不認為自己的工作有價值，假如他像別人一樣總在尋找別的機會與出路，隨時都準備跳槽，而不是只專注一件事，並從最細微的工作中尋找樂趣；假如他沒有六十年始終如一地工作的話，他和他周圍的普通人又有什麼區別呢？

列文虎克活了九十歲，是荷蘭最著名的科學家。如果沒有他，人類也許不會那麼快發現微生物世界，我們也就無法抵禦細菌的侵害……

10 堅定的信念法則

安德魯是蘇格蘭鄉下的一個窮苦孩子，他出生的時候，他的父親窮得連醫生都請不起。

安德魯全家後來移民到了美國。他們依然很窮。他的父親不得不挨家挨戶推銷自己織的桌布，他的母親則在一家小鞋店幫人修補鞋子。在這樣的家境下，安德魯只上過四年學。

當安德魯已經成為青年時，他在匹茲堡市找到一份電報投遞員的工作。在安德魯看來，每天能賺到五角錢，對他來說已經是很不錯的收入了。

安德魯十分珍惜這個工作，因為他剛到匹茲堡，人生地不熟，生怕別人搶去自己的工作。為此，他牢牢記住了這個城市的所有公司、商店和可能與他的投遞工作有關的地址，以便能盡快將郵件送到客戶手裡，並避免發生錯誤。

安德魯的工作做得有聲有色，但他並不滿足於現狀。每次當他從公司接線員手裡拿到郵件時，他都很羨慕地看著接線員手邊的電報機——他很希望自己也能是接線員。

為了實現這個理想，安德魯開始自學電報。每天下班後，儘管非常疲憊，他還是放棄自己一部分休息時間和一切娛樂，認真鑽研電報學問。每天一大早，他都要跑步到公司——也要趕在別的接線員上班之前，練習如何收發電報。

有一天早晨，公司收到了一份異常緊急的電報，但接線員都還沒上班，而安德魯正好趕到。他立即跑去接收電報，並用最快的速度送到客戶手裡。他做得非常出色，為公司樹立了良好的形象。公司對他的做法大加讚賞，安德魯很快就被提升為接線員，他的工資也被大大地提高。

這正是他的理想，當一名接線員！從此他更加勤奮，凡是經他之手接收的電報，從來沒有發生過失誤。他的努力引起了公司的重視。因而，當一條專門的電報線在賓夕法尼亞鐵路公司建立時，安德魯被派去當接線員。

安德魯將自己的勤奮又再次帶到了新的崗位上。他是公司裡業務最好的接線員，也是公司最值得信任的員工。不久，他就被任命為賓夕法尼亞鐵路公司的監理祕書。

安德魯的好運伴隨著這條鐵路線開始了。由於他是鐵路的監管人，所以他經常坐火車巡視鐵路的狀況。有一天，他在辦完公事的回程中遇到了一位發明家，他就坐在安德魯身旁。發明家給安德魯介紹自己的發明——臥車車廂的模型。當時的臥車車廂非常簡陋，不過是在貨車車廂裡安裝幾張鐵板床罷了。而發明家的發明為臥車的車廂帶來真正的舒適。

安德魯立即從這項發明中看到了臥車車廂的未來前景。他打聽到發明家所在的公司，借錢買了這家公司的股票。幾年後，在他二十五歲時，他賺到了他生平的第一筆大收入——五千美元。

他的好運還沒完，在他監管的鐵路線上有一次發生了交通意外，一座木製的橋梁起火了，造成了坍塌，使火車有好幾天都無法通行。安德魯前往督察，他立即發現了其中潛在的商機。他意識到，鐵架橋遲早要取代以前的木製橋梁。於是他和幾個朋友湊錢開了一家製造鋼鐵橋架的公司。

不出安德魯所料，鋼鐵橋架大受歡迎，巨大的利潤像流水一樣流向了他。這時，安德魯二十七歲。

但這一切僅僅只是開始。當時正值美國內戰，對西部的開發致使很多新興城市不斷湧現，新的鐵路線也在四處延伸。安德魯的鋼鐵製造廠於是生意興隆——歷史上還沒有發生過如此快的財富聚集事件，安德魯成了億萬富翁。

安德魯就是美國歷史上最著名的鋼鐵大王——安德魯．卡內基。

在鋼鐵大王的創業史中，有一件小事值得注意：他曾為做好那麼簡單的一份工作——郵件投遞工作而竭盡全力，也曾為能當一個小小的接線員而奮鬥過。他沒有滿足於只當投遞員的現狀，而是利用自己休息的時間，積極儲備技能，時時刻刻準備著能勝任公司更高的要求。當一個人不計報酬、積極工作時，他就已經在內心為自己建立起一座寶庫——他會發掘自己的潛力，努力使自己的技能有所提升，往往在這時，現實會為這樣時刻有準備的人提供機會。

一個看似偶然的空缺，為他提供了實現自身更高價值的空間，這其實是一種必然。

時刻努力、時刻準備為公司提供最好工作品質的人，一定有更好的機會在等著他。這並不是一句空話，因為他在為公司樹立良好形象的同時，也在為自己樹立一個堅實可信的形象，他用優秀的工作態度為自己提供了最好的推薦詞——我是最值得信任的人，我能勝任更重要的工作。

更充分的心理準備和積極的行動，當然能為你的公司和你個人創造奇蹟，因為奇蹟總會眷顧那些在工作中時時刻刻努力、盡責，並有所準備的人！

譯者簡介

木云

湖南人，畢業於中國暨南大學，作家榜簽約譯者，已出版暢銷譯作《從悲劇中開出花朵的人生智慧：叔本華》。

to be said on both sides. There is no excellence, per se, in poverty; rags are no recommendation; and all employers are not rapacious and high-handed, any more than all poor men are virtuous.

My heart goes out to the man who does his work when the "boss" is away, as well as when he is at home. And the man, who, when given a letter for Garcia, quietly takes the missive, without asking any idiotic questions, and with no lurking intention of chucking it into the nearest sewer, or of doing aught else but deliver it, never gets "laid off," nor has to go on a strike for higher wages. Civilization is one long anxious search for just such individuals. Anything such a man asks shall be granted; his kind is so rare that no employer can afford to let him go. He is wanted in every city, town and village—in every office, shop, store and factory. The world cries out for such: he is needed, and needed badly—the man who can carry a message to Garcia.

Elbert Hubbard
1899

I know one man of really brilliant parts who has not the ability to manage a business of his own, and yet who is absolutely worthless to anyone else, because he carries with him constantly the insane suspicion that his employer is oppressing, or intending to oppress him. He cannot give orders; and he will not receive them. Should a message be given him to take to Garcia, his answer would probably be, "Take it yourself, and be damned!"

To-night this man walks the streets looking for work, the wind whistling through his thread-bare coat. No one who knows him dare employ him, for he is a regular fire-brand of discontent. He is impervious to reason, and the only thing that can impress him is the toe of a thick-soled No.9 boot.

Of course I know that one so morally deformed is no less to be pitied than a physical cripple; but in our pitying, let us drop a tear, too, for the men who are striving to carry on a great enterprise, whose working hours are not limited by the whistle, and whose hair is fast turning white through the struggle to hold in line dowdy indifference, slip-shod imbecility, and the heartless ingratitude, which, but for their enterprise, would be both hungry and homeless.

Have I put the matter too strongly? Possibly I have; but when all the world has gone a-slumming I wish to speak a word of sympathy for the man who succeeds—the man who, against great odds, has directed the efforts of others, and having succeeded, finds there's nothing in it: nothing but bare board and clothes.

I have carried a dinner pail and worked for day's wages, and I have also been an employer of labor, and I know there is something

can neither spell nor punctuate—and do not think it necessary to.

Can such a one write a letter to Garcia?

"You see that book-keeper," said the foreman to me in a large factory.

"Yes, what about him?"

"Well he's a fine accountant, but if I'd send him up town on an errand, he might accomplish the errand all right, and on the other hand, might stop at four saloons on the way, and when he got to Main Street, would forget what he had been sent for."

Can such a man be entrusted to carry a message to Garcia?

We have recently been hearing much maudlin sympathy expressed for the "down-trodden denizen of the sweat-shop" and the "homeless wanderer searching for honest employment," and with it all often go many hard words for the men in power.

Nothing is said about the employer who grows old before his time in a vain attempt to get frowsy ne'er-do-wells to do intelligent work; and his long, patient striving after "help" that does nothing but loaf when his back is turned. In every store and factory there is a constant weeding-out process going on. The employer is constantly sending away "help" that have shown their incapacity to further the interests of the business, and others are being taken on. No matter how good times are, this sorting continues, only if times are hard and work is scarce, the sorting is done finer—but out and forever out, the incompetent and unworthy go. It is the survival of the fittest. Self-interest prompts every employer to keep the best—those who can carry a message to Garcia.

Was I hired for that?

Don't you mean Bismarck?

What's the matter with Charlie doing it?

Is he dead?

Is there any hurry?

Shan't I bring you the book and let you look it up yourself?

What do you want to know for?

And I will lay you ten to one that after you have answered the questions, and explained how to find the information, and why you want it, the clerk will go off and get one of the other clerks to help him try to find Garcia—and then come back and tell you there is no such man. Of course I may lose my bet, but according to the Law of Average, I will not.

Now if you are wise you will not bother to explain to your "assistant" that Correggio is indexed under the C's, not in the K's, but you will smile very sweetly and say, "Never mind," and go look it up yourself.

And this incapacity for independent action, this moral stupidity, this infirmity of the will, this unwillingness to cheerfully catch hold and lift, are the things that put pure Socialism so far into the future. If men will not act for themselves, what will they do when the benefit of their effort is for all?

A first-mate with knotted club seems necessary; and the dread of getting "the bounce" Saturday night, holds many a worker to his place.

Advertise for a stenographer, and nine out of ten who apply, ask,"Where is he at?" By the Eternal! There is a man whose form should be cast in deathless bronze and the statue placed in every college of the land. It is not book-learning young men need, nor instruction about this and that, but a stiffening of the vertebrae which will cause them to be loyal to a trust, to act promptly, concentrate their energies: do the thing—"Carry a message to Garcia!"

General Garcia is dead now, but there are other Garcias.

No man, who has endeavored to carry out an enterprise where many hands were needed, but has been well-nigh appalled at times by the imbecility of the average man—the inability or unwillingness to concentrate on a thing and do it.

Slip-shod assistance, foolish inattention, dowdy indifference, and half-hearted work seem the rule; and no man succeeds, unless by hook or crook, or threat, he forces or bribes other men to assist him; or mayhap, God in His goodness performs a miracle, and sends him an Angel of Light for an assistant.

You, reader, put this matter to a test: You are sitting now in your office—six clerks are within call. Summon any one and make this request:"Please look in the encyclopedia and make a brief memorandum for me concerning the life of Correggio."

Will the clerk quietly say,"Yes, sir," and go do the task?

On your life, he will not. He will look at you out of a fishy eye and ask one or more of the following questions:

Who was he?

Which encyclopedia?

Where is the encyclopedia?

A Message To Garcia

In all this Cuban business there is one man stands out on the horizon of my memory like Mars at perihelion.

When war broke out between Spain and the United States, it was very necessary to communicate quickly with the leader of the Insurgents. Garcia was somewhere in the mountain fastnesses of Cuba—no one knew where. No mail nor telegraph message could reach him. The President must secure his co-operation, and quickly.

What to do!

Someone said to the President, "There's a fellow by the name of Rowan will find Garcia for you, if anybody can."

Rowan was sent for and given a letter to be delivered to Garcia. How "the fellow by the name of Rowan" took the letter, sealed it up in an oil-skin pouch, strapped it over his heart, in four days landed by night off the coast of Cuba from an open boat, disappeared into the jungle and in three weeks came out on the other side of the Island, having traversed a hostile country on foot, and delivered his letter to Garcia, are things I have no special desire now to tell in detail.

The point I wish to make is this: McKinley gave Rowan a letter to be delivered to Garcia; Rowan took the letter and did not

把信送給加西亞 / 阿爾伯特 . 哈伯德著 ; 木云譯 . -- 初版 . -- 臺北市 : 時報文化 , 2019.12
面 ;　公分 . --（愛經典 ; 29）
ISBN 978-957-13-8040-7（精裝）
1. 職場成功法

494.35　　108019651

作家榜经典文库®

ISBN 978-957-13-8040-7
Printed in Taiwan

愛經典0029
把信送給加西亞

作者—阿爾伯特．哈伯德｜編者—作家榜｜譯者—木云｜編輯總監—蘇清霖｜編輯—邱淑鈴｜美術設計—FE 設計｜內頁繪圖—楊錯、黃珊珊、陸偉黎、梁昌正｜校對—邱淑鈴｜董事長—趙政岷｜出版者—時報文化出版企業股份有限公司　10803 台北市和平西路三段二四〇號四樓　發行專線—（〇二）二三〇六—六八四二　讀者服務專線—〇八〇〇—二三一—七〇五、（〇二）二三〇四—七一〇三　讀者服務傳真—（〇二）二三〇四—六八五八　郵撥—一九三四四七二四時報文化出版公司　信箱—10899 台北華江橋郵局第 99 信箱　時報悅讀網—http://www.readingtimes.com.tw ｜電子郵件信箱　new@readingtimes.com.tw ｜法律顧問—理律法律事務所　陳長文律師、李念祖律師｜印刷—勁達印刷有限公司｜初版一刷—二〇一九年十二月十三日｜定價—新台幣二五〇元｜

時報文化出版公司成立於一九七五年，並於一九九九年股票上櫃公開發行，於二〇〇八年脫離中時集團非屬旺中，以「尊重智慧與創意的文化事業」為信念。